A REVOLUÇÃO DAS FERROVIAS DE ALTA VELOCIDADE NA CHINA

Perspectivas para o desenvolvimento ferroviário no século XXI

Fernando Marcelino Pereira

KOTTER
EDITORIAL

Diretor editorial: Sálvio Nienkötter
Coordenação editorial: Claudecir de Oliveira Rocha
Editor-executivo: Leonardo Marino
Editor-assistente: Rafael Burgos
Capa: Leonardo Marino
Design editorial: Leonardo Marino
Produção: Joehverson Guslem Jacob
Preparação de originais e revisão: O Autor

Dados Internacionais de Catalogação na Publicação (CIP)
Angelica Ilacqua CRB-8/7057

P491r

Pereira, Fernando Marcelino
Revolução das ferrovias de alta velocidade na China : perspectivas para o desenvolvimento ferroviário no século XXI / Fernando Marcelino Pereira. — Curitiba : Kotter editorial, 2025.
84 p. : il., color.

Bibliografia
ISBN 978-65-5361-500-7

1. Ferrovias - China – História 2. Ferrovias - China – Desenvolvimento I. Título

CDD 385.0951

25-4333

KOTTER EDITORIAL

Kotter Editorial Ltda.
Rua das Cerejeiras, 194
CEP: 82700-510 - Curitiba - PR
Tel. + 55(41) 3585-5161
www.kotter.com.br | contato@kotter.com.br

Feito o depósito legal
1ª Edição
2025

A REVOLUÇÃO DAS FERROVIAS DE ALTA VELOCIDADE NA CHINA

Perspectivas para o desenvolvimento ferroviário no século XXI

Fernando Marcelino Pereira

Sumário

INTRODUÇÃO: FERROVIAS E ESTADO-NAÇÃO 9

1. A MODERNIZAÇÃO DA CHINA ATRAVÉS DO DESENVOLVIMENTO FERROVIÁRIO 15

1.1. Da Segunda Guerra do Ópio (1856-1860) ao Fim da Dinastia Qing (1911) 15

1.2. Da Revolução de 1911 a 1949 19

1.3. Da Fundação da República Popular da China (1949) ao Fim da Revolução Cultural (1976) 21

1.4. Do Período de Reforma iniciado por Deng Xiaoping em 1978 26

1.5. Ferrovias chinesas no século XXI 29

2. ECONOMIA POLÍTICA DAS FERROVIAS DE ALTA VELOCIDADE DA CHINA 31

2.1. O sistema ferroviário nacional de alta velocidade 33

2.2. Coordenação estatal e financiamento ferroviário 41

2.3. Maglev 53

2.4. Estações ferroviárias 60

2.5. Perspectivas da revolução ferroviária chinesa 63

3. NOVA ROTA DA SEDA FERROVIÁRIA 67

4. BREVE GUIA DE VIAGEM 75

5. REFERÊNCIAS 81

SOBRE O AUTOR 83

INTRODUÇÃO:

FERROVIAS E ESTADO-NAÇÃO

A revolução chinesa não acabou. Sob a forma do socialismo de mercado, ela transformou a China numa superpotência mundial. Para o governo chinês, o planejamento é a ferramenta para direcionar o desenvolvimento econômico e social, definir metas e prioridades, e implementar políticas que visam ao crescimento e ao desenvolvimento abrangente. Ao contrário dos países ocidentais, o Estado chinês dispõe de recursos e de capacidade administrativa para mobilizar rapidamente uma ação coletiva a serviço dos objetivos da nação. A revolução industrial que levou a China a ser a manufatura global é um fato incontornável. Esse sucesso econômico já se traduziu em profundos impactos para as economias ocidentais, que se veem obrigadas a reformular rapidamente suas estruturas produtivas e a empreender amplas reformas institucionais para ampliar sua competitividade e conservar sua posição nas cadeias globais de valor.

Quando escrevi "A Revolução das Cidades Inteligentes na China" (Marcelino, 2024) e "A Revolução da Agricultura Inteligente na China" (Marcelino, 2025), constatei mudanças tectônicas com a emergência de novos processos sociais e tecnologias, que estão criando uma urbanização massiva e uma agricultura de alta qualidade no país. A China chegou a 105 cidades com mais de 1 milhão de habitantes. Nas últimas décadas, centenas de milhões de pessoas deixaram as áreas rurais, levando ao surgimento de megacidades e à expansão das áreas urbanas. Essa rápida urbanização levou o governo a adotar iniciativas de cidades inteligentes voltadas para a criação de ambientes urbanos mais habitáveis, sustentáveis e eficientes. Ao mesmo tempo, a China consegue alimentar essa população que mora em megacidades modernas. Até 2030, a classe média deve atingir cerca de 1 bilhão de pessoas, atendendo às demandas crescentes de uma população que está melhorando rapidamente suas condições de vida.

O que percebemos é que as revoluções industriais, urbanas e rurais em curso na China não teriam acontecido sem uma outra revolução que ocorria em paralelo no país: a do sistema ferroviário, com uma abrangência sem precedentes na história e que se tornou o centro de importantes inovações científicas e tecnológicas. Não à toa, estes são grandes vetores de mudança na história dos Estados-nação e das economias modernas. A infraestrutura de transporte, como um sistema ferroviário, geralmente atua como um impulsionador fundamental do crescimento e desenvolvimento econômico ao melhorar a acessibilidade aos mercados domésticos, reduzir o tempo de entrega e o custo dos produtos, e aumentar a mobilidade e as oportunidades comerciais ao conectar diferentes mercados. O resultado é a expansão potencial do mercado para empresas locais, com maior concorrência e cooperação entre elas, impulsionando, assim, a demanda por produtos e serviços relacionados ao processo de construção de projetos.

As ferrovias são uma importante infraestrutura de uma nação, além de serem a principal artéria da economia nacional e a espinha dorsal do sistema de transporte. Este promove o comércio entre as pessoas, o que é vital para o desenvolvimento da civilização. Além disso, o transporte é um requisito essencial para a especialização, de modo que a produção e o consumo de produtos possam ocorrer em diferentes locais. As melhorias no transporte são frequentemente vistas como precursoras do crescimento econômico. Dessa forma, sua infraestrutura, como as ferrovias de alta velocidade, atua como um gatilho para efeitos específicos na dinâmica espacial. Por meio de transportes rápidos e em larga escala entre regiões, o transporte ferroviário de alta velocidade facilitou a acessibilidade das cidades e melhorou significativamente suas ligações espaciais ao longo da rota. Vale destacar que as ferrovias de alta velocidade podem melhorar as condições de desenvolvimento urbano, aumentar a conexão entre as cidades e uma gama mais abrangente de mercados e cadeias industriais, além de ampliar o mercado para empresas ao longo da rota. Seu potencial também alcança o livre fluxo de mão de obra, com atração de sedes corporativas para reuniões e eventos, de modo a promover o desenvolvimento simultâneo da integração econômica regional e da aglomeração industrial.

A análise dos sistemas ferroviários é, ainda, um modo ilustrativo de contrapor a decadência capitalista dos Estados Unidos ao crescimento econômico da República Popular da China. Entre 1950 e 2000, mais de 127 mil km de linhas ferroviárias foram abandonados nos Estados Unidos. O serviço de passageiros, agora operado pela Amtrak, definhou. Enquanto isso, a China expandiu significativamente sua rede ferroviária e agora conta com 160 mil km de trilhos. O gigante asiático construiu o dobro de quilômetros de ferrovias de alta velocidade do que o resto do mundo combinado. Somente em 2023, as ferrovias chinesas transportaram 3,68 bilhões de passageiros. São 10 milhões de passageiros por dia, cem vezes o número de passageiros da Amtrak. As ferrovias da China estão programadas para movimentar 4 bilhões de toneladas métricas de carga em 2024, cerca de três vezes o total dos EUA. Até 2035, a China planeja ter 200 mil km de trilhos, sendo 70 mil km de ferrovias de alta velocidade.

A infraestrutura do país também se sobressai nos quesitos tamanho (9,6 milhões de km^2); longas distâncias entre Norte e Sul, e Leste e Oeste. Por isso, o sistema ferroviário desempenha um papel significativo no desenvolvimento econômico de um país caracterizado por sua vasta extensão geográfica, somada ao difícil terreno e às condições climáticas que o tornam uma das formas de transporte mais confiáveis. A rede ferroviária da China consiste em uma série de linhas-tronco norte-sul, atravessadas por algumas linhas principais leste-oeste. A maioria das grandes cidades é servida por essas linhas-tronco, formando uma rede nacional, com Pequim como seu centro.

No primeiro capítulo, começamos revisitando a era das ferrovias no século XIX, quando linhas férreas eram controladas por potências estrangeiras, simbolizando a humilhação colonial. Com a fundação da China moderna em 1949 e especialmente após as reformas de abertura econômica, o país iniciou uma jornada para dominar a tecnologia ferroviária. Mais recentemente, os trens-bala chineses se tornaram metáforas do século XXI: velozes, interconectados e orientados ao futuro, num projeto de desenvolvimento ferroviário único no mundo.

Em menos de duas décadas, a China construiu o maior e mais avançado sistema de trens-bala do planeta — uma conquista que redefiniu a mobilidade, a economia e até a geopolítica global. Apesar da cobertura da mídia global, sabemos muito pouco sobre o processo político que levou o governo a investir no programa ferroviário e sobre as razões para a impressionante variação regional e temporal em tais investimentos. Nesse sentido, esta obra é um convite a refletir: como um país pode, em uma geração, reescrever suas regras do desenvolvimento? Como a experiência chinesa pode inspirar outros países? Quais são os desafios geopolíticos dessa expansão?

Em seu aspecto interdisciplinar, discutir este assunto abrange infraestrutura, equipamentos móveis, fornecimento de energia de tração, sinais de comunicação, operação, manutenção e organização do transporte. Muito mais que um meio de transporte, as ferrovias de alta velocidade na China são um projeto civilizacional. Elas encapsulam três revoluções simultâneas: 1) tecnológica: a quebra da dependência ocidental, com o desenvolvimento de sistemas como o Fuxing (100% chinês) e maglevs, que rivalizam com japoneses e europeus; 2) espacial: a reconfiguração do território chinês, encurtando distâncias entre as principais cidades, o litoral e o interior; 3) geopolítica: a exportação de um modelo chinês de infraestrutura — eficiente, escalável e alinhado a governos do Sul Global.

Sendo estatal há décadas, a reforma ferroviária na China confundiu muitas pessoas, especialmente em termos de seus arranjos e direitos de propriedade. Se seguimos a literatura ocidental, aprendemos que o melhor modelo para a reforma ferroviária é a privatização. No entanto, o programa ferroviário chinês representa uma nova formação econômico-social de orientação socialista, com a dominância do setor público, a propriedade estatal da terra, o planejamento abrangente e um acelerado desenvolvimento das forças produtivas. Em suma, uma complexa combinação entre propriedades e tecnologias.

Nos últimos 20 anos, a China construiu a maior e mais avançada rede de ferrovias de alta velocidade do mundo, revolucionando o transporte, a economia e a conectividade do país. Este livro oferece uma análise abrangente desse fenômeno, explorando sua história, tecnologia, impactos socioeconômicos e lições para o mundo. Tratamos de como a China transformou um projeto de infraestrutura em um motor de crescimento econômico e influência global. Dos trens a vapor à era dos trens-bala, com linhas em regiões montanhosas e túneis subaquáticos, redução de emissões, uso da inteligência artificial na bilhetagem facial e manutenção preditiva. Este livro não é apenas sobre trens rápidos, mas sobre como a China redefine o conceito de mobilidade em escala continental. Uma jornada que impacta profundamente o futuro do desenvolvimento global.

1. A MODERNIZAÇÃO DA CHINA ATRAVÉS DO DESENVOLVIMENTO FERROVIÁRIO

1.1. Da Segunda Guerra do Ópio (1856-1860) ao Fim da Dinastia Qing (1911)

Em 1865, um comerciante britânico construiu uma ferrovia de bitola estreita, com 600 metros de comprimento, do lado de fora do Portão Xuanwu, em Pequim, para demonstrar a tecnologia à corte imperial da Dinastia Qing (1644-1911). Mas a corte considerou-a "extremamente especial e estranha ao extremo" e prontamente desmontou a ferrovia logo após a demonstração. Somente 11 anos depois, em 1876, a primeira ferrovia a operar comercialmente na China foi inaugurada em Xangai. Construída por uma empresa comercial britânica, a ferrovia, conhecida como Estrada Woosung, ligava a então Concessão Americana, no atual distrito de Zhabei, em Xangai, a Woosung, no atual distrito de Baoshan (Yang, 2025).

Enquanto extensas redes ferroviárias já estavam em operação na Europa, América do Norte, Índia e Japão, o desenvolvimento do transporte ferroviário na China foi, inicialmente, bastante lento no final do século XIX. Apesar disso, o país começou a adotar as ferrovias, vendo seu rápido desenvolvimento no início e no final do século XX. Conforme aponta Elizabeth Koll, nas décadas de 1910 e 1920, a emergente rede ferroviária chinesa estimulou o cultivo comercial de amendoim, tabaco e outras culturas ao longo dos corredores ferroviários de Huabei. Agora, o transporte rápido de cargas preciosas era possível com o transbordo para mercados internacionais via Xangai e Qingdao. Empresas como a BAT (British American Tobacco) investiram em instalações de armazenamento e processamento nas províncias de Shandong e Jiangsu, ao longo da linha Tianjin-Pukou, e operaram vagões de trem publicitários para educar os agricultores sobre métodos agrícolas de cultivo de tabaco. Como resultado, estações como Bengbu se transformaram em centros comerciais, atendidos por novas empresas de logística que subscreviam seguros de frete e facilitavam o uso de papel comercial. Esses novos centros também atraíram filiais de bancos e corretoras chinesas modernas. Assim, vale observar que as ferrovias chinesas incentivaram e apoiaram atividades econômicas dentro de fronteiras definidas regionalmente, que eram frequentemente impulsionadas por incentivos locais. No entanto, apesar da ligação do setor agrícola com os mercados internacionais, as ferrovias não criaram um mercado nacional unificado durante o período republicano (Koll, 2019).

O desenvolvimento do sistema ferroviário chinês foi moldado por duas conjunturas políticas significativas: uma externa e outra interna. Do ponto de vista estrangeiro, o crescimento começou durante um momento político muito especial, marcado pela Revolução Xinhai, que declarou o fim da última dinastia imperial da China e estabeleceu a República da China.

As ferrovias já construídas em 1900 tinham uma extensão total de apenas 470 km. Os britânicos construíram a Ferrovia Xangai-Nanquim (1905-1908) e a Ferrovia Kowloon-Cantão (concluída em 1911), enquanto os franceses fizeram a Ferrovia Sino-Vietnamita (1904-1910), de 855 km, uma linha para conectar Kunming com o Vietnã, então uma colônia da Indochina Francesa. Já os alemães construíram a Ferrovia Jiaoji na província de Shandong; industriais britânicos e alemães ergueram conjuntamente a Ferrovia Tianjin–Pukou; americanos fizeram a Ferrovia

Cantão–Sam Shui, em Guangdong, 1902-1904; e a Rússia czarista construiu a Ferrovia Oriental da China (1897-1901) – um atalho para a Ferrovia Transiberiana e a Ferrovia da Manchúria do Sul para Port Arthur. Para evitar a dominação de potências maiores, a Corte Qing deu os direitos da ferrovia Pequim-Hankou aos belgas. Os japoneses inicialmente receberam inúmeras concessões ao longo da costa de Fujian e Guangdong, e construíram a Ferrovia Chao Chow e Swatow (1904-1906). Depois de vencer a Guerra Russo-Japonesa, em 1904, os japoneses assumiram a seção sul da Ferrovia Oriental da China (de Changchun a Port Arthur) e toda a Ferrovia da Manchúria do Sul.

Para ajudar as economias locais a se desenvolverem e reterem os lucros das ferrovias, o governo Qing, em 1904, permitiu que as províncias locais organizassem suas próprias empresas ferroviárias e levantassem fundos vendendo ações ao público. De 1904 a 1907, 15 governos provinciais formaram suas próprias empresas de construção ferroviária e levantaram fundos vendendo ações aos cidadãos e cobrando impostos. A Ferrovia Pequim-Zhangjiakou, construída de 1905 a 1909, foi a primeira a ser projetada e construída localmente, sob liderança do engenheiro-chefe Zhan Tianyou, conhecido como o Pai das Ferrovias da China. A Ferrovia Xangai-Hangzhou , com 189 km de extensão e concluída em 1909, foi financiada pelos governos provinciais de Jiangsu e Zhejiang.

Também conhecido como "Movimento de Proteção dos Direitos Ferroviários", o Movimento de Proteção eclodiu em 1911 como reação ao plano do governo Qing de nacionalizar projetos locais de desenvolvimento ferroviário e transferir o controle para bancos estrangeiros. Impaciente com o progresso dos projetos ferroviários financiados localmente, o governo Qing voltou aos credores estrangeiros. Na época, as autoridades estavam sob a pressão financeira de ter que pagar enormes dívidas sob os termos do Protocolo Boxer. Ao nacionalizar os empreendimentos ferroviários locais e, em seguida, vender os direitos desses empreendimentos para estrangeiros, o governo poderia levantar dinheiro para pagar dívidas devidas à Grã-Bretanha, Alemanha, França e Estados Unidos. No início de maio de 1911, os credores do chamado Consórcio da China, incluindo Hongkong Shanghai Banking Corporation (HSBC), da Grã-Bretanha, Deutsch-Asiatische Bank, da Alemanha, Banque de l'Indochine, da França, além de JP Morgan & Co., Kuhn, Loeb & Co. e First National City Bank of New York (CitiBank), dos Estados Unidos, concordaram com o governo Qing em financiar a construção de ferrovias na China central. Em 9 de maio, Sheng Xuanhuai, ministro dos Correios e Comunicações, ordenou a nacionalização de todos os projetos ferroviários controlados localmente e, onze dias depois, assinou um acordo de empréstimo com o Consórcio da China, prometendo os direitos de operar a Ferrovia Sichuan-Hankou e Hankou-Guangdong em troca de um empréstimo de 10 milhões de libras, a ser reembolsado por direitos alfandegários e impostos sobre o sal.

Como resultado, de 11 a 13 de agosto, mais de 10 mil manifestantes realizaram uma manifestação contra a proposta em Chengdu, com direito a uma série de greves e boicotes organizados por estudantes e comerciantes. Em 1° de setembro, a Sichuan-Hankou Railway Company adotou uma resolução de acionistas solicitando ao público de Sichuan que retivesse o pagamento de impostos sobre grãos ao governo Qing. Em 7 de setembro, o governador-geral de Sichuan prendeu os líderes e fechou a empresa. Enfurecidos, manifestantes marcharam até o escritório do governador-geral em Chengdu, no que ficou conhecido como o Incidente Sangrento de Chengdu: as tropas abriram fogo e dezenas de manifestantes foram mortos. O movimento expressou um descontentamento em massa com o governo Qing, galvanizando grupos de oposição e, assim, contribuindo para a eclosão da Revolução de 1911.

1.2. Da Revolução de 1911 a 1949

No final do século XIX e início do século XX, figuras revolucionárias como Sun Yat-sen sonhavam em construir uma rede ferroviária expansiva que facilitasse a unificação nacional e a modernização econômica. Sun e outros viram esses sonhos frustrados por restrições financeiras, escassez de engenheiros chineses e fragmentação política. Até então, as ferrovias chinesas haviam sido construídas sob a supervisão de potências estrangeiras semicoloniais, que controlavam principalmente o território ao longo da costa leste do país e no nordeste, limitando o crescimento das linhas.

Em 1911, havia cerca de 9 mil km (5,6 mi) de trilhos na China. Em maio de 1911, o governo Qing tentou nacionalizar essas empresas ferroviárias controladas localmente e prometer suas concessões ferroviárias a bancos estrangeiros em troca de empréstimos. Como vimos, esse foi o subtexto do Movimento de Proteção Ferroviária, que contribuiu para a eclosão da Revolução Xinhai que derrubou a dinastia Qing.

Embora a fundação da República da China em 1911 tenha provocado a nacionalização de fato de todas as ferrovias, isso não levou imediatamente a um sistema centralizado, devido à situação política instável e à fragmentação do poder governamental. Após a Revolução de 1911, o bureau ferroviário começou a evoluir como um sistema administrativo que centralizava essas diversas linhas ferroviárias. Sob jurisdição direta do Ministério das Comunicações e Transportes, o sistema dividiu a responsabilidade pelas ferrovias nacionais chinesas de acordo com o escopo geográfico coberto pelas principais linhas. Assim, cada bureau ferroviário tornou-se a sede administrativa e operacional de uma linha tronco específica, geralmente sediada na cidade do terminal de partida. Como os bureaus ferroviários tinham que lidar com arranjos financeiros herdados e específicos da linha, além de resolver danos físicos de batalhas de senhores da guerra em um momento de fragmentação política e conectividade de rede severamente limitada, eles administravam suas próprias linhas sem quaisquer sinergias operacionais em nível nacional. Apoiado por um ministério fraco, administrado por nomeados políticos sem experiência ferroviária no início da República, esse sistema regionalmente dividido capacitou os bureaus ferroviários a colocar suas prioridades operacionais e financeiras em primeiro lugar, do chefe do bureau até o chefe da estação.

A introdução da engenharia no currículo das universidades e escolas de formação começou a decolar apenas no final da década de 1910 e início da década de 1920. As ferrovias, como instituições empresariais e burocracias, criaram uma demanda por profissionais e trabalhadores qualificados, o que levou ao surgimento de engenheiros com uma identidade profissional muito distinta de, simplesmente, trabalhar para as ferrovias a serviço do governo. A Década de Nanquim, de 1927 a 1937, trouxe um breve período de consolidação, quando o governo nacionalista de Chiang Kai-Shek estabeleceu o Ministério das Ferrovias com uma burocracia forte e centralizada. Essa tendência continuou mesmo depois de 1949, quando trabalhar para as ferrovias ainda era considerado um dos empregos de maior prestígio, pois oferecia boa remuneração, serviços de bem-estar e saúde nas instalações ferroviárias, acesso a passagens de trem gratuitas todos os anos, além de um suprimento alimentar mais seguro em tempos de escassez. Até recentemente, o sistema ferroviário chinês também operava com seu próprio sistema legal, os chamados tribunais de transporte ferroviário, que foram integrados ao sistema judiciário nacional apenas em 2012. O Ministério das Ferrovias, portanto, conseguiu funcionar quase como "um estado dentro do estado", com um nível relativamente alto de autonomia e poder administrativo em comparação com outros ministérios (Koll, 2019).

Da Revolução de 1911 à retirada do Partido Nacionalista para Taiwan em 1949, o principal uso de linhas e estações ferroviárias estava relacionado a guerras. As cidades ferroviárias, como um tipo de assentamento, começaram a se desenvolver durante esse período. Durante a Segunda Guerra Sino-Japonesa, de 1937 a 1945, o governo republicano desmantelou uma série de ferrovias para retardar o avanço japonês e adicionou 1,9 mil km de ferrovias, principalmente no interior da China, depois que as regiões costeiras foram ocupadas. Os ocupantes japoneses, usando trabalho forçado, construíram 5,7 mil km de ferrovia na Manchúria e na província de Rehe, além de 900 km de ferrovia na China propriamente dita. Como resultado, logo após a Segunda Guerra Sino-Japonesa, em 1945, o continente chinês tinha 27 mil km de ferrovia – cerca de 23 mil km destes eram utilizáveis. Devido à Guerra Civil Chinesa, em 1948, o número de quilômetros utilizáveis de ferrovia foi estimado em apenas 8 mil.

1.3. Da Fundação da República Popular da China (1949) ao Fim da Revolução Cultural (1976)

Quando Mao Zedong e o Partido Comunista Chinês (PCCh) chegaram ao poder em 1949, herdaram um sistema ferroviário que, para começar, nunca havia sido robusto – se tornando ainda menos após a devastação causada por mais de uma década de guerra. As ferrovias foram logo restauradas e expandidas sob o governo comunista.

Quando a RPC foi criada em 1949, a China tinha construído 27.380 km de ferrovias, mas apenas 24.090 km foram mantidos, incluindo 10.309 km na parte nordeste. Na década de 1950, o governo iniciou vários projetos de construção ferroviária para preencher as ligações que faltavam na rede ferroviária do país. Em 1952, a primeira nova ferrovia da República Popular, a Ferrovia Chengdu–Chongqing, entrou em operação. Até o final do Primeiro Plano Quinquenal, em 1957, 6.100 km de ferrovias foram construídos, representando 18% do total nacional. As linhas concluídas durante este período incluem as seções finais das Ferrovias Longhai e Xianggui, as Ferrovias Litang–Zhanjiang, Yingtan–Xiamen, Lancun–Yantai e Xiaoshan–Ningbo. Essas linhas, juntamente com a Ferrovia Baoji–Chengdu (concluída em 1958) e a Ferrovia Lanzhou–Xinjiang de 1.900 km para Urumqi (concluída em 1962), estenderam a rede ferroviária nacional para o Noroeste e Sudoeste, adicionando conexões entre a costa e o interior. Em 1957, vale destacar, os trens de passageiros tinham uma média de 35 km/h e os trens de carga tinham uma média de 25 km/h (Qiu, 2020).

Após 1949, a expansão da rede ferroviária da RPC tornou-se possível devido ao papel do Estado na definição de novas prioridades econômicas e políticas e na transferência da construção ferroviária para o recém-fundado corpo do exército ferroviário do EPL. Ao mesmo tempo, argumento que a recuperação relativamente rápida da rede ferroviária danificada pela guerra e sua integração ao Estado socialista foram possíveis devido ao sistema de agências, que já possuía muitas características do sistema de unidades de trabalho. Em suma, embora a expansão ferroviária da RPC não tivesse sido possível sem o papel central do Estado e sua alocação de recursos em termos de capital e trabalho, o sistema de agências proporcionou uma transformação relativamente suave de seu sistema administrativo conforme a nova estrutura política e, assim, uma fácil integração de novas linhas à rede. A persistência até hoje do sistema de agências ferroviárias demonstra uma surpreendente resiliência institucional — ele sobreviveu até mesmo ao Ministério das Ferrovias, que foi extinto em 2013 (Koll, 2019).

Após 1949, também pode-se observar a adaptação e integração da cultura ferroviária à ideologia do PCC. Durante as décadas de 1920 e 1930, a imagem da ferrovia sinalizava modernidade por meio da mobilidade econômica e social, tanto para os indivíduos, principalmente os moradores urbanos abastados, quanto para a nação. Além da velocidade, conveniência e segurança das viagens, as ferrovias significavam mobilidade social (por exemplo, estudantes, especialmente as do sexo feminino, podendo pegar o trem para estudar em centros educacionais como Xangai) e representavam disciplina de tempo e uma nova ordem comportamental do que significava ser um passageiro no trem. Como demonstro, esses "valores ferroviários" progressistas foram facilmente incorporados e adaptados pelo Partido Comunista após 1949 e transformados em valores socialistas: disciplina de tempo, progresso tecnológico, dedicação profissional e trabalho árduo ainda eram importantes, mas agora eram interpretados como valores revolucionários necessários para criar a China sob o socialismo. Com a estrutura já existente de complexos e pátios ferroviários, foi fácil de integrar o sistema de agências ferroviárias ao novo sistema de unidades de trabalho após 1949 (Koll, 2019).

Com cerca de 550 km de extensão, a oeste de Chengdu e a leste de Chongqing, a ferrovia Chengdu-Chongqing foi aberta ao tráfego em 1952, tendo sido a primeira ferrovia construída após a fundação da Nova China. Iniciada em 1952, a ferrovia Baoji-Chengdu ligava Baoji a Chengdu e se conectava com as ferrovias Chengdu-Chongqing e Chengdu-Kunming. Já a ferrovia Baoji-Chengdu tinha 669 km de extensão, sendo a primeira conectando o noroeste ao sudoeste do país. Foi também a primeira ferrovia a romper a difícil estrada de Sichuan. A ferrovia Baoji-Chengdu, por sua vez, foi concluída em 1958, e o projeto de eletrificação foi concluído em 1975. Foi a primeira ferrovia eletrificada da China.

Percorrendo 1.100 km de Chengdu a Kunming, a ferrovia Chengdu-Kunming é uma importante linha ferroviária no sudoeste da China. A ferrovia Chengdu-Kunming começou a operar em 1958 e, apesar de muitas paralisações na obra, foi inaugurada em 1º de julho de 1970. Seu projeto ferroviário, aliás, era enorme e complexo. O terreno geológico especial trouxe grandes dificuldades à construção – foram construídos 427 túneis e 653 pontes. Há, em média, uma ponte grande ou média para cada 1,7 km de linha férrea e um túnel para cada 2,5 km. A extensão combinada de pontes e túneis ultrapassa 400 km. A ferrovia Chengdu-Kunming é considerada um milagre na história da construção ferroviária mundial.

Em 1952, a ferrovia Lanzhou-Lianyungang foi colocada em operação após 40 anos de obras, iniciadas em 1905. Possui 1.759 km de extensão, de Lanzhou a Lianyungang, sendo uma linha ferroviária importante que atravessa o leste, o centro e o oeste da China. É, também, parte fundamental da nova ponte terrestre eurasiana, importante para o desenvolvimento das regiões ocidentais do país.

Já a ferrovia Qinghai-Tibete percorre 1.956 km de Xining a Lhasa. Sua construção começou na década de 1950, quando o trecho Gela teve que ser interrompido por um longo período devido a três problemas de classe mundial: mil milhas de permafrost, hipóxia alpina e ecologia frágil. Esses problemas foram resolvidos em 2001, e a ferrovia Qinghai-Tibete entrou em operação em 2006. Esta é a ferrovia de planalto mais alta e mais longa do mundo.

Na pressa para expandir as instalações ferroviárias durante o "Grande Salto para a Frente", os chineses instalaram trilhos totalizando 3,5 mil km (2.175 milhas) em 1958, com cerca de 4.600 km adicionados em 1959. Muitos projetos importantes foram concluídos na década de 1970, entre eles a duplicação de linhas principais no leste e a eletrificação de linhas no oeste, incluindo a ligação Baoji-Chengdu de 671 km; e a adição de várias novas linhas troncais e ramais, muitos fornecendo serviço às áreas mais remotas do país.

Entre 1949 e 1964, os comunistas construíram 15 mil novos quilômetros de ferrovias. A agenda política durante o Grande Salto Adiante e o caos da Revolução Cultural causou grandes danos ao sistema ferroviário, especialmente porque o conhecimento especializado e o profissionalismo, que eram considerados antirrevolucionários, foram ignorados, com graves consequências para a segurança dos passageiros e a eficiência operacional (Koll, 2019). Apesar da turbulência da Revolução Cultural e da desaceleração da construção ferroviária no país, o Ministério das Ferrovias da China e o Corpo Ferroviário conseguiram construir uma ferrovia de 1.860 km entre a Tanzânia e a Zâmbia. A Ferrovia TAZARA foi de longe o maior projeto de ajuda externa realizado pela China na África. Cerca de 56 mil engenheiros e operários chineses foram enviados ao exterior entre 1968 e 1975.

1.4. Do Período de Reforma iniciado por Deng Xiaoping em 1978

Registrado por Xiong Wang em seu livro China Speed: Development of China's High-speed Rail, em 26 de outubro de 1978, sentado no trem-bala japonês de alta velocidade, o novo representante chinês, Deng Xiaoping, estava sereno e calmo. Montanhas, lagos, vilas e campos passavam rapidamente de ambos os lados do trem. Dentro do compartimento, a tela mostrava: 210 km/h. Um repórter da comitiva de Deng perguntou a ele: "Pelo que sabemos, senhor, esta é sua primeira viagem de trem de alta velocidade. O que você acha?". Deng respondeu prontamente: "Rápido, ele corre como o vento e parece que está empurrando você para correr; estamos sentados no trem certo" (Xiong, 2016). Dois meses depois, a 3ª Sessão Plenária do 11º Comitê Central do Partido Comunista foi realizada em Pequim e marcou o início da reforma chinesa.

Após o país iniciar reformas econômicas voltadas para o mercado em 1978, a construção ferroviária desacelerou, à medida que os recursos estatais eram direcionados para investimentos de maior retorno. Na década de 1980, todas as províncias, regiões autônomas e municípios especiais, com exceção do Tibete, eram interligados por ferrovias. Muitas linhas de via dupla, linhas eletrificadas, linhas especiais e pontes foram adicionadas ao sistema. Entre 1980 e 1985, a China construiu cerca de 3.270 km de novos trilhos, converteu 1.581 km em trilhos duplos, além de eletrificar 2.500 km de trilhos. Naquela época, vale lembrar, as ferrovias representavam mais de dois terços do total de toneladas-quilômetro e mais da metade dos passageiros-quilômetro nos sistemas de transporte chineses. A mais longa ferrovia de trilhos duplos eletrificada da China, que liga Pequim a Datong, na província de Shanxi, foi inaugurada em 1984. Uma das ferrovias mais altas do mundo, 3 mil metros acima do nível do mar na província de Qinghai, também entrou em operação no mesmo ano. Ferrovias de trilhos duplos aprimoradas, algumas delas eletrificadas, ofereciam uma maneira rápida de transportar carvão da província de Shanxi para a parte oriental, altamente industrializada, do país e para exportação no porto de Qinhuangdao. Em 1985, o sistema de transporte movimentou 2,7 bilhões de toneladas de mercadorias. A densidade média do tráfego de carga era de 15 milhões de toneladas por quilômetro-rota, o dobro da dos Estados Unidos e três vezes a da Índia. Já o tempo de resposta entre os carregamentos de vagões de carga era, em média, inferior a quatro dias (Chang, 2023).

Conforme o Sétimo Plano Quinquenal (1986-90), o transporte foi designado como prioridade máxima na China. Em 1986, um sistema de contratos para a gestão de linhas ferroviárias foi introduzido, levando à assinatura de contratos de cinco anos entre o ministério e as agências ferroviárias individuais, que passaram a ser responsáveis por seus lucros e prejuízos. Com isso, dava-se prioridade máxima ao aumento da capacidade das linhas ferroviárias existentes e, em particular, à melhoria das linhas de transporte de carvão entre a província de Shanxi e outras unidades e portos de nível provincial, além de aumentar a capacidade total de transporte para 230 milhões de toneladas até 1990. Outras metas eram a construção de 3.600 km de novas linhas ferroviárias, a duplicação de 3.300 km de linhas existentes e a eletrificação de 4 mil km de linhas existentes (Chang, 2023).

Somente nos anos 1990, após mais de uma década de crescimento econômico, o Estado comprometeu os recursos para a renovação de grandes obras ferroviárias. Antes da década de 1980, devido ao baixo custo da mão de obra, à facilidade de fabricação e ao baixo preço do carvão, as locomotivas a vapor dominavam as ferrovias chinesas. No entanto, durante as décadas de 1980 e 1990, locomotivas a diesel e elétricas substituíram gradualmente as locomotivas a vapor nas linhas principais. Em todo o país, a escassez de vagões de carga e de tanques atrasou as entregas de carvão e outras matérias-primas industriais aos seus destinos. Em 1991, a China investiu US$ 8 bilhões em melhorias de infraestrutura, incluindo a modernização de 309 km de ferrovia de via dupla e a eletrificação de 849 km de trilhos.

Nas décadas de 1970, 1980 e 1990, foram construídos cerca de 40 mil km de novas ferrovias. No final da década de 1990 e início dos anos 2000, houve um movimento para a construção de ferrovias em partes remotas da China, a fim de unir o país, ajudar os pobres, as regiões mais pobres e ajudar o governo a exercer um controle mais forte e a explorar melhor os recursos. O governo tinha planos de instalar 13.600 km de trilhos em todo o país entre 2000 e 2005, a um custo de US$ 45 bilhões. A construção visava, em particular, reduzir a diferença econômica entre as áreas costeiras ricas e o interior mais pobre do país, facilitando o transporte de mercadorias de e para o interior. Também visava eliminar gargalos que impediam o crescimento econômico.

1.5. Ferrovias chinesas no século XXI

Com o rápido desenvolvimento da economia, o sistema ferroviário da China vem passando por um acelerado período de melhorias e inovações nos últimos anos. De acordo com o Anuário Estatístico da China, a extensão total das ferrovias convencionais em operação aumentou de 53.378 km em 1990 para 131.651 km em 2018, ocupando o segundo lugar no mundo. Já a extensão total das ferrovias de alta velocidade em operação atingiu 29.904 km em 2018, ocupando o primeiro lugar no mundo, o que representa mais de 60% da extensão total das ferrovias de alta velocidade no planeta.

Em 1° de outubro de 1949, Mao Zedong declarou que "a China se levantou". Nascia a República Popular da China. Na época, eram 19 mil km de ferrovias em operação no país. Hoje a malha ferroviária chinesa aumentou oito vezes em extensão e muitas vezes mais em capacidade – quase toda ela pertence e é operada pelo governo socialista. De 2016 a 2020, o 13° Plano Quinquenal foi implementado, período em que 3,5 trilhões de yuans foram investidos no setor ferroviário para atingir sua meta de expansão ferroviária. Ao final do plano, a extensão total da operação ferroviária atingiu 146 mil km, conectando 99% das cidades com população superior a 200 mil habitantes. Por consequência, a extensão da operação ferroviária de alta velocidade no país atingiu quase 38 mil km, ocupando o primeiro lugar no mundo e cobrindo 95% das cidades com população de 1 milhão ou mais. Entre 2016 e 2020, o trem de alta velocidade transportou quase 70% dos passageiros que viajavam de trem, enquanto o volume de carga ferroviária, em 2019, representou 9,5% do transporte total de carga, acima dos 7,8% de 2017. De 2015 a 2019, o número de passageiros e o volume de carga transportados por ferrovia cresceram a uma taxa média anual de 9,6% e 6,9%, respectivamente. Em 2021, a malha ferroviária chinesa transportou mais de 5 bilhões de toneladas de carga e 4 bilhões de passageiros (Su, 2024).

A China testemunhou um notável desenvolvimento das ferrovias de alta velocidade no início do século XXI, de modo que hoje é líder global nesse segmento, atendendo à crescente demanda da população por viagens convenientes e confortáveis. A extensão operacional total da rede ferroviária de alta velocidade da China ultrapassou 45 mil km, com os trens de alta velocidade Fuxing operando em 31 regiões provinciais, como em todo o país até o final de 2024 – cidades como Pequim, Xangai e Shenzhen, aliás, possuem sistemas de metrô totalmente automatizados. Destaco, por exemplo, a Linha Yanfang do Metrô de Pequim e a Linha 10 do Metrô de Xangai, que são totalmente automatizadas, com trens autônomos operando em alta frequência. Essas políticas refletem o compromisso do país com a modernização de sua infraestrutura, o estímulo ao crescimento econômico e a melhoria da qualidade de vida da população. A China se tornou líder global em engenharia de pontes, túneis, trilhos e leitos rodoviários ferroviários de alta velocidade, bem como em tecnologia de Unidades Múltiplas Elétricas (UME). Também está na vanguarda do projeto, construção e operação de ferrovias de alta velocidade, com ótimas pontuações nos indicadores de segurança, confiabilidade, aplicabilidade, custo-benefício e tecnologia avançada.

2. ECONOMIA POLÍTICA DAS FERROVIAS DE ALTA VELOCIDADE DA CHINA

Em 22 de outubro de 1978, o ministro das Relações Exteriores do Japão, Sonoda Sunao, recebeu Deng Xiaoping, que tinha 74 anos, no Aeroporto de Tóquio. Além de abordar questões diplomáticas cruciais e consolidar a cooperação econômica bilateral, Deng viajou de Tóquio a Kyoto no Shinkansen "Hakkari", o novo trem-bala que simbolizava as conquistas tecnológicas do Japão do pós-guerra. Após a viagem, ele comentou: "Senti que era tão rápido, como se alguém estivesse chicoteando as costas. Era perfeito para nós". Deng insistia que somente com o domínio da economia, da ciência, da tecnologia e da gestão o Partido Comunista poderia liderar um alto nível de modernização socialista em alta velocidade.

Pois, no mesmo ano, o Ministério de Ferrovias começou a recentralizar o controle dos 14 escritórios regionais e 41 filiais ferroviárias, bem como a incorporar o Corpo Ferroviário do ELP ao seu sistema civil. Nas décadas de 1980 e 1990, o Ministério das Ferrovias (MoR) considerou que múltiplas questões emergentes representavam ameaças específicas ao sistema ferroviário chinês. Surgiu um descompasso entre a capacidade de carga dos trens e a demanda por serviços. A operação de ferrovias em baixas velocidades, portanto, criou gargalos que restringiram o desenvolvimento econômico nacional. Além disso, a má gestão e a regulamentação mal concebida prejudicaram a qualidade do serviço, o preço das tarifas e a aceleração da velocidade dos trens.

Autoridades e tecnocratas do Ministério das Ferrovias alegaram que, sem a vantagem da velocidade, as ferrovias perderiam sua capacidade de atrair passageiros (Hua, 2003).

A partir de 1996, o Ministério da Fazenda implementou medidas como o fortalecimento da manutenção do material rodante, a substituição de desvios de alta velocidade e o fechamento de trilhos adjacentes. Essas melhorias aumentaram a velocidade dos trens de 140 km/h para 160 km/h. O segundo passo levou a uma solução tecnologicamente mais avançada para aumentar as velocidades para 200 km/h e até 300 km/h: a construção de linhas dedicadas a passageiros. Ao contrário da aceleração das linhas existentes, a construção de novas linhas dedicadas ao transporte de passageiros exigiu uma gestão especializada. O terceiro passo importante concentrou-se na melhoria do material circulante — ou seja, no desenvolvimento de trens pendulares. Inicialmente projetados nos Estados Unidos na década de 1930, esses trens podem manter sua velocidade com segurança em uma curva, o que os torna particularmente adequados para trechos montanhosos de linha com curvas numerosas e de pequeno raio, como a Ferrovia Guangzhou-Shenzhen, na qual trens pendulares são usados desde 1994. O quarto passo foi, sem dúvida, o de mais alta tecnologia: o desenvolvimento das ferrovias de alta velocidade (HSR).

Ferrovias de alta velocidade, como um novo tipo de infraestrutura de transporte, são projetadas para operar a uma velocidade superior a 200 km/h, sendo muito mais rápidas, pontuais e confortáveis do que as ferrovias tradicionais. As novas linhas de alta velocidade (HASR), vale destacar, são de três tipos gerais: as linhas troncais são linhas exclusivas para passageiros, projetadas para operar a uma velocidade máxima de 350 km/h. Essas linhas operam a velocidades médias entre estações mais altas do que a maioria de suas equivalentes internacionais, com a ressalva de que muitas estações estão localizadas fora das áreas centrais e, portanto, exigem tempo adicional de conexão de e para as áreas centrais. Já as linhas principais secundárias e os conectores regionais são projetados com uma velocidade máxima de 250 km/h, enquanto outras linhas intermunicipais são projetadas com uma velocidade máxima de 200 km/h. Algumas delas são exclusivas para passageiros, enquanto outras são projetadas para transportar passageiros e carga expressa, como serviços de contêineres.

2.1. O sistema ferroviário nacional de alta velocidade

No início dos anos 2000, o Ministério da Agricultura (MoA) articulou a necessidade e as vantagens do desenvolvimento da ferrovia de alta velocidade (HSR) na China. Com base em uma série de investigações abrangentes e experimentos com a possível aceleração da ferrovia Pequim-Xangai — a linha mais movimentada do país —, autoridades do Ministério estavam convencidas de que a construção dessa ferrovia de alta velocidade seria a maneira mais eficaz de melhorar significativamente a qualidade do transporte e atender às demandas específicas desse corredor.

A construção da HSR, incluindo a experimentação com dois trens de alta velocidade projetados e montados internamente — o "Blue Arrow" em 2000 e o "China Star" em 2003 — já estava em andamento, mas foi somente com o lançamento da sexta rodada de aceleração, em 2007, que se iniciaram as transferências internacionais de tecnologia em larga escala.

Aprovado pela primeira vez em 2004, e revisado em 2008 e 2016, o Plano Ferroviário de Médio e Longo Prazo (MLTRP) prevê um horizonte de 15 anos e é complementado por uma série de planos quinquenais elaborados como parte do ciclo geral de planejamento. Sua implementação marcou a primeira vez que uma rede de alta velocidade foi proposta no país. Naquela época, o volume de carga crescia rapidamente, cerca de 7,5% ao ano, sobrecarregando a capacidade da rede. A baixa velocidade da ferrovia existente limitava sua competitividade no transporte de passageiros. Nesse cenário, o plano previa que todo o tráfego de passageiros de longa distância fosse transferido para os novos serviços, deixando apenas um número limitado de serviços locais nas linhas existentes, proporcionando assim um grande aumento na capacidade para expansão dos serviços de carga.

O Plano de Desenvolvimento de Médio e Longo Prazo inicial previa uma rede de HSR de 12 mil km até 2020, enquanto a revisão de 2016 estabeleceu metas mais ambiciosas: 30 mil km até 2020, 38 mil km até 2025 e 45 mil km até 2030. O desenvolvimento da rede ferroviária de alta velocidade foi parte importante do 11º Plano Quinquenal, adotado em 2006. Naquele ano, a China gastou RMB 155 bilhões no desenvolvimento ferroviário, valor que aumentou para RMB 800 bilhões em 2015, à medida que o país continuou expandindo seu vasto sistema. Em 2006, o governo chinês mobilizou mais de 10 mil especialistas ferroviários, pesquisadores e engenheiros com o objetivo de construir uma linha de alta velocidade de 1.310 km conectando Pequim e Xangai, com trens capazes de atingir velocidade média de 350 km/h.

Cinco anos e US$ 33 bilhões depois, a linha foi inaugurada. Quando o premiê Wen Jiabao embarcou no primeiro trem-bala para inaugurar o serviço da nova linha em 30 de junho de 2011, descreveu a medida como um "novo capítulo" na história ferroviária da China, de grande importância para a melhoria do sistema de transporte e do desenvolvimento social e econômico do país. O projeto mobilizou cerca de 130 mil operários da construção civil e engenheiros, com investimento de US$ 32 bilhões.

Apenas 38 meses após o início das obras, em abril de 2008, o primeiro trem-bala da linha de alta velocidade de 1.318 km partiu de Pequim com destino a Xangai. Acelerando até 300 km/h cerca de dez minutos após deixar a capital, a linha conecta os dois principais centros metropolitanos da China em apenas quatro horas e 48 minutos — em comparação com as cerca de dez horas da antiga ferrovia.

Originalmente projetada para velocidades de até 380 km/h, a velocidade do trem Pequim-Xangai supera não apenas o TGV da França, que vai de Lorena a Champagne com média de 272 km/h, mas também o primeiro trem de alta velocidade da China na rota Pequim-Tianjin, com média de 230 km/h.

Ao invés de instalar trilhos sobre dormentes de madeira ou concreto fixados em brita, a rede de alta velocidade chinesa é quase exclusivamente construída sobre leitos de lajes de concreto projetados por empresas alemãs de engenharia ferroviária. Isso elimina danos aos trilhos e ao material circulante causados por pedras lançadas pelos trens, além de reduzir o desgaste das rodas devido ao deslocamento dos trilhos. De longe, esta é a linha ferroviária de maior sucesso na China, sendo utilizada por 130 milhões de passageiros todo ano.

Quando o gigante asiático estabelecia sua indústria ferroviária de alta velocidade, firmou contratos com os principais fabricantes mundiais: Alstom (França), Siemens (Alemanha) e vários fabricantes japoneses, incluindo a Hitachi. Em vez de simplesmente pagar por ferrovias prontas, a China exigiu que essas empresas se associassem a fabricantes chineses e transferissem toda a propriedade intelectual e conhecimento técnico necessários para que esses fabricantes chineses construíssem trens de alta velocidade independentemente dos fornecedores estrangeiros ao final dos contratos, normalmente com duração de dez anos. Esses contratos, altamente lucrativos, foram amplamente aceitos pelas empresas internacionais. Como resultado, hoje há diversos fabricantes chineses plenamente atualizados com as tecnologias mais avançadas, produzindo seus próprios trens dentro dos padrões europeus e japoneses.

Em 2005, o conglomerado alemão Siemens formou uma joint venture com a China National Railway Corporation (CNR) para fornecer 60 trens de passageiros para a ferrovia de alta velocidade Pequim-Tianjin. Os três primeiros trens foram fabricados na Alemanha, enquanto os 57 restantes foram produzidos na fábrica da CNR em Tangshan, China. A Siemens também levou mil técnicos da CNR para treinamento na Alemanha. No entanto, em março de 2009, a Siemens anunciou um projeto para fornecer 100 trens para a ferrovia Pequim-Xangai, mas o Ministério das Ferrovias negou o acordo, afirmando que o projeto utilizaria tecnologia chinesa. No fim, a CNR recebeu um contrato de US$ 5,7 bilhões, e a Siemens foi contratada para fornecer US$ 1 bilhão em componentes. Esse episódio ilustra a astuta aquisição de tecnologia pela China. Além disso, com engenharia reversa, empresas chinesas aumentaram a velocidade dos trens, agregando ainda mais valor à indústria doméstica de trens rápidos (Xiong, 2016).

O ano de 2008, em que Pequim sediou os Jogos Olímpicos de Verão, marcou três décadas de reformas na China. Um ano antes, o país havia iniciado uma nova geração de serviços ferroviários de alta velocidade dedicados exclusivamente a passageiros. Desde então, mais de 300 estações foram construídas ou reformadas para acomodar esses trens. Ao final de 2019, a China possuía mais de 35 mil km de linhas de alta velocidade – mais do que a soma de todas as outras redes ferroviárias de alta velocidade do mundo, representando 70% da malha global total (Zhen, 2020).

O governo chinês estabeleceu planos quinquenais e estratégias de longo prazo com metas claras para a expansão da rede, priorizando a integração regional e a conexão entre cidades-chave, bem como a ligação de regiões menos desenvolvidas aos grandes centros econômicos, dentro da estratégia de "Desenvolvimento Regional Coordenado". A ferrovia de alta velocidade é um projeto de interesse nacional, financiado pelo Estado e por parcerias público-privadas. Para isso, a China desenvolveu tecnologia própria, como o trem Fuxing, capaz de atingir 350 km/h, reduzindo sua dependência da transferência de tecnologia estrangeira. Políticas de incentivo à pesquisa e desenvolvimento (P&D) foram cruciais para inovações em materiais, sinalização e sistemas de controle. Vale destacar que trens elétricos e sistemas de energia renovável são prioridades. Além disso, o governo estabeleceu padrões nacionais para construção, segurança e operação, garantindo a interoperabilidade entre diferentes linhas. A padronização, por sua vez, reduz custos e acelera a construção.

Desde que a Ferrovia Intermunicipal Pequim-Tianjin, com velocidade projetada de 350 km/h, entrou em operação em 2008, a rede moderna de alta velocidade cresceu rapidamente, aumentando a capacidade da China de se tornar a segunda maior economia do mundo. Com a inauguração da primeira linha de alta velocidade de 350 km/h em 2008, a China desenvolveu a maior rede mundial de trens rápidos — uma alternativa genuína, sustentável e eficiente ao transporte rodoviário e aéreo. Em 2010, o Ministério das Ferrovias (MoR) investiu mais de US$ 100 bilhões em novas construções, investindo o mesmo valor novamente em 2011.

Ao assumir o cargo, Xi Jinping herdou um roteiro ambicioso para construir 16 mil km de ferrovias de alta velocidade que conectariam as maiores cidades chinesas. Como resultado, a rede de alta velocidade cresceu de 1.039 km em 2008 para impressionantes 38.914 km em 2020. Essa expansão, impulsionada pela urbanização e pelo crescimento econômico, demandou imensos materiais de construção. O Conselho de Estado, no Plano da Rede Ferroviária de Médio a Longo Prazo (2016-2020), declarou que o objetivo era cobrir 80% das grandes cidades com redes "oito verticais e oito horizontais". Na China, trens convencionais viajam entre 80 e 160 km/h, insuficientes para competir com carros em rodovias ou aviões em distâncias superiores a 150 km. Com velocidades acima de 200 km/h, as ferrovias de alta velocidade superam os carros em tempos de acesso mais curtos e competem com as companhias aéreas em custo. Além disso, os trens rápidos transportam milhares de passageiros e possuem embarque e desembarque ágeis. Para muitos chineses, essa vasta rede simboliza um claro sinal do progresso e da restauração do poder nacional da China.

Existem algumas linhas-chave neste vasto cruzamento ferroviário que atravessa todo o território nacional. A linha Pequim–Xangai, com 1.318 km, realiza o trajeto em cerca de 4h30, com trens que atingem 350 km/h, conectando as duas maiores economias urbanas da China: o centro político, Pequim, e o centro financeiro, Xangai. Essa linha transporta cerca de 200 milhões de passageiros por ano. A linha Pequim–Guangzhou, com 2.298 km, é a mais longa do mundo em operação, ligando o Norte ao Sul da China e integrando Pequim ao Delta do Rio das Pérolas, a maior região exportadora do país. Outra linha importante é a Shanghai–Shenzhen–Hong Kong, com 1.433 km de extensão. A linha Chengdu–Chongqing, com 300 km, conecta as duas maiores cidades do Oeste da China, desempenhando papel crucial no desenvolvimento regional. A linha Lanzhou–Urumqi, com 1.776 km, integra o noroeste e as regiões menos desenvolvidas à malha ferroviária nacional, além de funcionar como uma conexão estratégica com a Ásia Central. A linha Harbin–Dalian, com 921 km, liga a região industrial do Nordeste, reduzindo o isolamento econômico da Manchúria. Por fim, a linha Hangzhou–Shenzhen, com 1.300 km, conecta importantes cidades costeiras como Fuzhou e Xiamen, impulsionando o turismo e o comércio exterior.

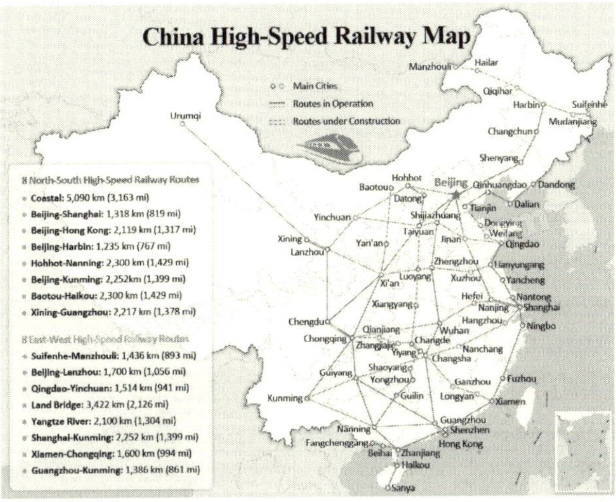

No final de 2024, a rede ferroviária de alta velocidade da China atingiu 48 mil km de extensão operacional total, representando mais de 70% da quilometragem global de trens de alta velocidade. O sistema agora conecta 97% das cidades chinesas com população superior a 500 mil habitantes. Os trens-bala Fuxing operam atualmente a velocidades comerciais de até 350 km/h, e o país estabeleceu referências globais no setor. Em dias de pico, a China opera até 10 mil trens de alta velocidade, transportando até 16 milhões de passageiros diariamente – até o momento, a rede já transportou mais de 22,9 bilhões de passageiros. Até 2030, a extensão total das linhas ferroviárias na China deverá ultrapassar 180 mil km. Isso inclui uma rede ferroviária de alta velocidade prevista de 60 mil km, com trens operando a velocidades de 300 km/h ou mais. Somente esse número de HSR, vale dizer, excede a extensão total das linhas ferroviárias na China em meados da década de 1980. A extensão total da linha de alta velocidade ultrapassa atualmente 48 mil km, e a rede agora penetra em áreas montanhosas antes consideradas inacessíveis por alta velocidade. Este sistema notável, ainda em expansão, representa atualmente cerca de dois terços de todas as redes de alta velocidade do mundo (Cullen, 2025).

O alto sucesso do projeto se deve à consolidação de um sistema de tecnologia ferroviária de alta velocidade com direitos de propriedade intelectual completamente independentes e marcas das empresas nacionais. Segundo estimativas, para cada 100 milhões de yuans investidos na ferrovia de alta velocidade, o valor da produção das indústrias de alta tecnologia relacionadas a montante e a jusante, como construção, metalurgia e manufatura, será estimulado em mais de 1 bilhão de yuans, e mais de 600 empregos serão criados. Em particular, o trem de alta velocidade Fuxing é uma integração de alta tecnologia moderna, com cerca de 100 mil peças e mais de 260 sistemas técnicos independentes. Ao todo, são mais de 100 empresas principais que projetam e produzem peças e pelo menos 500 empresas fornecedoras, abrangendo mais de 20 províncias e cidades (Su, 2024).

Os trens CR400 Fuxing operam a uma velocidade comercial máxima de 350 km/h, mas alcançaram com sucesso 420 km/h em testes. Foram desenvolvidos a partir de gerações anteriores de trens de alta velocidade, baseados em tecnologia importada da Europa e do Japão. Com até 16 vagões e capacidade máxima de 1.200 passageiros, a impressionante família de trens está repleta de recursos inovadores, incluindo entretenimento no assento, telas de vidro inteligentes, carregamento sem fio para dispositivos, "cabines inteligentes" e até mesmo variantes projetadas para condições climáticas extremas e operação autônoma – sendo esta última os únicos trens automáticos de alta velocidade do mundo. As variantes mais rápidas do CR400 estão atualmente implantadas nas principais rotas entre Pequim-Xangai-Hong Kong e Pequim-Harbin.

Em 2020, a CRRC, gigante estatal da engenharia ferroviária chinesa, apresentou o protótipo de um trem elétrico de alta velocidade para rotas internacionais, capaz de operar a velocidades de até 400 km/h. Este trem, capaz de operar em temperaturas que variam entre -50 °C e +50 °C, apresenta conjuntos de rodas com troca de bitola recentemente desenvolvidos que permitirão sua operação direta na Rússia, Mongólia e Cazaquistão, que utilizam uma bitola ferroviária mais larga do que o padrão chinês de 1.435 mm. Espera-se que o protótipo atinja 620 km/h, embora os desenvolvedores esperem eventualmente aumentar essa velocidade para 800 km/h. Além disso, a China está desenvolvendo outras inovações tecnológicas no transporte ferroviário, como sistemas de frenagem regenerativa que capturam e reutilizam energia, materiais leves para a construção de trens e o uso de fontes de energia renováveis para alimentar trens, como energia solar ou eólica. Em 2025, o protótipo CR450 estava pronto para revolucionar as viagens de longa distância, com um trem capaz de atingir a velocidade vertiginosa de 450 km/h, tornando possível ligar Pequim e Xangai em apenas 2,5 horas (em comparação com as 4,5 horas atuais). Um trem que pode se tornar o mais rápido do mundo, muito mais rápido que o TGV ou até mesmo o Shinkansen japonês.

2.2. Coordenação estatal e financiamento ferroviário

As ferrovias na China são um serviço público. Existe um equívoco popular de que a infraestrutura pública deve ser lucrativa e que qualquer coisa menos que isso equivale ao fracasso. Mas não é para isso que ela existe – coisas como aeroportos e ferrovias são, antes de tudo, serviços públicos. Essas infraestruturas ajudam a gerar receita de outras maneiras – transportando bens e serviços entre diferentes áreas, gerando oportunidades de emprego em regiões antes subdesenvolvidas etc. Esperar que elas gerem lucro é irrealista e completamente equivocado. Como a China é um país socialista, o trem é operado pelo governo. A infraestrutura vem principalmente de empresas estatais, não de empresas privadas que existem apenas com fins lucrativos. As empresas estatais prestam serviços ao país e ao povo, não aos capitalistas. É o Partido, e não os capitalistas, que dita as políticas estatais e preside a economia. Sua singularidade reside na sua capacidade de contribuir para o desenvolvimento das forças produtivas e se subordinar a um processo de constante redistribuição de renda, com presença da sociedade e do Estado na economia por meio de empresas de propriedade cooperativa, pública, estatal e mista. O planejamento estatal desempenha um papel crucial na economia chinesa, coexistindo com mecanismos de mercado. Nesse sentido, o governo chinês utiliza o planejamento como ferramenta para direcionar o desenvolvimento econômico e social, ao definir metas e prioridades, e implementar políticas que visam o crescimento e o desenvolvimento. Ao contrário dos países ocidentais, o Estado chinês dispõe de recursos e de capacidade administrativa para mobilizar rapidamente uma ação coletiva a serviço dos objetivos da nação.

A República Popular da China possui uma das maiores e mais complexas estruturas de empresas estatais do mundo. No centro da governança dessas empresas está a SASAC – Comissão de Supervisão e Administração de Ativos Estatais da China –, uma poderosa agência estatal que talvez seja a maior gestora de ativos do mundo. Com trilhões de dólares em ativos sob sua supervisão, este órgão governamental controla as maiores empresas estatais do país, incluindo as principais petrolíferas chinesas, suas gigantes das telecomunicações e suas colossais operações químicas e de construção naval. Criada em 2003, a SASAC representa um instrumento crucial de supervisão, controle e reforma das empresas estatais chinesas, desempenhando papel estratégico tanto no plano econômico quanto político do país. Sua criação se deu como parte de uma ampla reforma do setor empresarial estatal, com o objetivo de torná-lo mais eficiente, competitivo e alinhado aos interesses do Partido Comunista Chinês (PCCh). Seu papel vai além da gestão, sendo peça central na implementação da política industrial e no cumprimento dos planos estratégicos do governo chinês, como o Made in China 2025, a "Estratégia de Dupla Circulação" e os Planos Quinquenais. O papel da SASAC na economia socialista chinesa é fundamental para a gestão e o fortalecimento do setor estatal, alinhando-se aos princípios do socialismo com características chinesas, isto é, o Estado exerce poder por meio da alocação de recursos estatais massivos e do controle efetivo de grandes empresas estatais (SOEs), que continuam a dominar setores-chave da economia.

A SASAC objetiva garantir que se cumpram os objetivos estratégicos nacionais. Suas principais funções incluem: gestão de ativos estatais (evitando desperdício e corrupção); reformas corporativas (modernização, fusões e aquisições estratégicas); alinhamento com políticas macroeconômicas; e fortalecimento da governança (introdução de conselhos de administração profissionais). A SASAC supervisiona 98 empresas centrais com atuação global em setores estratégicos como mineração, transporte, construção civil, energia, telecomunicações e defesa, garantindo que o Estado mantenha o domínio sobre indústrias vitais para a segurança nacional e o desenvolvimento econômico. Apesar de terem sido formalmente transformadas em sociedades anônimas (que vendem ações a investidores privados), os principais bancos ainda são efetivamente controlados pelo Estado.

Entre as atribuições legais da SASAC estão nomear e demitir os principais executivos das empresas estatais centrais, aprovar grandes decisões de investimento e reestruturação, supervisionar o desempenho econômico das estatais, preservar e aumentar o valor dos ativos estatais e implementar diretrizes políticas do governo central. Além da SASAC central, há ramificações equivalentes em níveis provinciais e municipais, voltadas à supervisão de empresas estatais locais. A SASAC supervisiona a venda de ações das estatais em bolsas (Xangai/Shenzhen/Hong Kong) e vem incentivando-as a investir em tecnologias de ponta, como IA, 5G e energia limpa, alinhando-se com a meta chinesa de autossuficiência tecnológica.

Para Barry Naughton, muitas das cerca de 190 empresas governadas pela SASAC central são, na verdade, grandes holdings que evoluíram a partir dos antigos ministérios do governo. Essas corporações têm centenas de empresas subordinadas, controlam grandes somas de dinheiro e exercem controle estratégico sobre a tomada de decisões. Além disso, essas corporações normalmente retêm suas próprias receitas e repassam apenas impostos (não lucros) ao governo. Por exemplo, a SASAC exerce direitos de propriedade nominais sobre os cinco grandes conglomerados de eletricidade que produzem praticamente toda a eletricidade da China, bem como sobre as duas principais operadoras de rede elétrica. Esses conglomerados, por sua vez, controlam centenas de empresas, incluindo pelo menos dez empresas listadas em bolsa. Existem inúmeros casos semelhantes no vasto império industrial supervisionado pela SASAC. Em teoria, a SASAC deveria operar a uma distância considerável do Partido-Estado, supervisionando as empresas estatais com base em uma estrutura legal e regulatória clara. No entanto, "a delimitação da autoridade da SASAC está repleta de dificuldades. De longe, a mais importante é o conflito inerente com o Partido Comunista sobre o poder de nomeação. Indiscutivelmente, a característica mais fundamental do sistema político chinês é que o Partido Comunista mantém seu papel tradicional de nomenklatura, no qual os comitês do partido fazem todas as nomeações de pessoal-chave no setor estatal" (Naughton, 2008).

A SASAC coordena fusões entre estatais para reduzir sobrecapacidade, aumentar sinergias e fortalecer a competitividade global dos conglomerados chineses. Também desempenha um papel central na promoção da "Mixed-Ownership Reform" (MOR), uma estratégia-chave para modernizar as empresas estatais (SOEs) e aumentar sua eficiência por meio da introdução de capital privado. Capitais mistos referem-se a estruturas de propriedade em que empresas estatais (SOEs) recebem investimentos de acionistas privados, incluindo empresas nacionais e estrangeiras, mantendo, porém, o controle majoritário ou significativo do Estado. Entre 2015 e 2017, foram lançados os primeiros projetos-piloto de MOR em setores como energia, telecomunicações e aviação. Em 2020, ampliou-se a prática para 70% das SOEs centrais, incluindo Sinopec, China Unicom e China Eastern Airlines. Desde 2023, o foco está em tecnologia, logística e finanças, alinhado com a "Estratégia de Circulação Dual". Empresas como CRRC (ferrovias) e CSSC (naval), vale dizer, receberam bilhões em capital privado.

A SASAC desempenha um papel estratégico no desenvolvimento da infraestrutura ferroviária chinesa, garantindo que as empresas estatais do setor operem de forma eficiente, alinhadas aos objetivos nacionais de desenvolvimento. A SASAC atua como supervisora e coordenadora, garantindo que essas organizações cumpram metas econômicas e estratégicas. Ligadas ao programa ferroviário estão cinco empresas estatais principais:

1. A **CRRC Group Corporation** é uma holding estatal chinesa com 33 subsidiárias, incluindo institutos de pesquisa, mineradoras, fábrica de locomotivas e fábricas de robôs que montam estações ferroviárias. A CRRC, com sede em Pequim, realiza projetos, fabricação, testes, comissionamento e manutenção de locomotivas e material rodante, incluindo locomotivas elétricas, locomotivas diesel-elétricas e diesel-hidráulicas, com potências entre 280 kW e 10.000 kW, para linhas principais e manobras. Produz ainda trens de alta velocidade com velocidade superior a 350 km/h. É a maior fabricante e empresa de P&D de locomotivas, trens de passageiros, vagões de carga, trens de alta velocidade e veículos de metrô urbano da China, além de líder global em tecnologia.

2. Anteriormente conhecida como Corpo de Engenharia Ferroviária do PLA, a **China Railway Construction Corporation Limited (CRCC)** é uma empresa de construção de grande porte sob a supervisão e gestão da Comissão de Supervisão e Administração de Ativos Estatais do Conselho de Estado (SASAC). Está entre as maiores empresas de construção e engenharia do mundo. As operações da CRCC abrangem mais de 140 países e regiões, consolidando-a como uma empreiteira de construção, operadora de infraestrutura, fabricante de equipamentos de ponta e desenvolvedora de indústrias emergentes. Com uma cadeia industrial completa — da pesquisa científica ao financiamento —, a empresa consolidou sua posição de liderança no projeto e construção de ferrovias de planalto, ferrovias de alta velocidade, vias expressas, pontes, túneis e transporte ferroviário urbano. A CRCC construiu grande parte da infraestrutura de transporte na China, incluindo trens de alta velocidade, metrôs e vias expressas. Também atuou em projetos na África, Oriente Médio e Ásia, como a ferrovia de alta velocidade Pequim–Xangai.
3. A **China Railway Engineering Corporation (CREC)** é uma holding estatal e uma das maiores empreiteiras de infraestrutura de transporte do mundo. É o principal acionista da China Railway Group Limited (CRGL), sua subsidiária.
4. A **CRMCC (Materiais Ferroviários da China)** é uma empresa estatal especializada em trilhos ferroviários.
5. A **China Railway Signal & Communication (CRSC)** é uma empresa chinesa especializada em sistemas de controle de trens, como sinalização. Foi fundada por meio da fusão de diversas empresas estatais.

Em 14 de março de 2013, o Ministério dos Transportes Ferroviários da China foi dividido em duas partes: a Administração Ferroviária Estatal (SRA) e a Corporação Ferroviária da China (CRC). A SRA é responsável pelas funções administrativas do sistema ferroviário chinês, enquanto a CRC desempenha as funções operacionais. Uma série de reformas graduais foi implementada no Ministério das Ferrovias (MOR), incluindo mudanças na sua organização e gestão. Por volta do ano 2000, o MOR propôs um plano de separação vertical, dividindo a rede nacional de infraestrutura ferroviária das operações de trens de passageiros e cargas. No entanto, as primeiras medidas resultaram em grandes perdas no setor de transporte de passageiros, especialmente uma perda anual de 70 milhões de yuans na Administração Ferroviária de Zhengzhou, na província de Henan. Como consequência, o MOR foi forçado a abandonar o regime de reforma de separação vertical em 2002. Em março de 2013, a China implementou uma nova reforma no MOR, separando as funções empresariais das funções governamentais, criando a China Railways Corporation e a Administração Ferroviária Nacional.

A China Railways Corporation é uma empresa estatal que se reporta diretamente ao governo central, sendo financiada pelo Ministério das Finanças e regulamentada pelo Ministério das Comunicações (MOC) e pela Administração Ferroviária Nacional. Cabe à China Railways Corporation as antigas funções empresariais do MOR, incluindo o transporte de passageiros e cargas, a operação e gestão da rede ferroviária, a construção ferroviária e a segurança operacional cotidiana. Já a Administração Ferroviária Nacional passou a exercer as antigas funções administrativas do MOR, como a formulação de normas técnicas, a supervisão da segurança e da qualidade dos serviços, além de garantir que os projetos ferroviários sejam implementados conforme os padrões exigidos. A China Railway Corporation também fornece subsídios para empresas com baixo volume de carga.

Assim, o sistema ferroviário chinês permanece como um monopólio verticalmente integrado, com subsídios cruzados impostos centralmente.

O sistema bancário da China é dominado pelo Estado, com forte regulação governamental e um papel central no financiamento do desenvolvimento econômico do país. Opera sob um modelo híbrido, que combina bancos estatais, instituições comerciais e um setor financeiro em crescimento, mas sempre sob o controle do Partido Comunista Chinês. O sistema é dividido em três níveis principais: 1) bancos estatais controlados pelo governo: Banco Popular da China (PBOC), banco central responsável pela política monetária e supervisão financeira; Bancos Comerciais de Propriedade Estatal: ICBC (Industrial and Commercial Bank of China) – maior banco do mundo em ativos; China Construction Bank (CCB) – com foco em infraestrutura e imóveis; Bank of China (BOC) – principal banco para transações internacionais; Agricultural Bank of China (ABC) – voltado ao setor rural; Banco de Desenvolvimento da China (CDB), que financia grandes projetos estratégicos, como a Belt and Road Initiative. Existem ainda os Bancos Comerciais Mistos e Regionais, como o China Merchants Bank e o Bank of Communications, além de bancos municipais e rurais, como o Shanghai Pudong Development Bank e o Beijing Bank. O Partido Comunista define as diretrizes, e os bancos seguem metas econômicas do governo, emprestando massivamente para infraestrutura, tecnologia e exportações, com direito a empréstimos subsidiados para setores estratégicos e grandes conglomerados, como Sinopec e Huawei.

Durante muito tempo, os investimentos em construção ferroviária na China foram financiados pelo Fundo de Construção Ferroviária e por empréstimos bancários. Atualmente, a China Railway Corporation é a principal investidora na construção ferroviária, respondendo por mais de 90% do total dos investimentos. No entanto, devido a outras demandas por fundos do governo central e preocupações com o crescente nível de dívida relacionada às ferrovias, o governo chinês começou a buscar outras fontes de investimento, incluindo governos locais e regionais, bem como investidores nacionais e estrangeiros. As empresas ferroviárias de joint venture na China nasceram e cresceram na década de 1980, e seu número continua aumentando. A China Railway Corporation é responsável por cerca de 60% dos investimentos na maioria das construções ferroviárias de joint venture, enquanto os governos locais e as empresas estatais são responsáveis pelo restante. Em 2013, havia 187 empresas de transporte ferroviário, incluindo a própria China Railway Corporation (composta por 18 administrações ferroviárias regionais), 109 empresas ferroviárias de joint venture (com a China Railway Corporation como acionista majoritária) lideradas por administrações ferroviárias locais, 21 empresas ferroviárias de joint venture (com a China Railway Corporation não sendo a acionista majoritária) e 56 empresas locais de transporte ferroviário (Ma, 2020).

O Grupo Ferroviário Nacional da China (CNRG), em nome do Ministério da Ferrovia (MOR), assumiu o controle do processo de financiamento ferroviário para o desenvolvimento de linhas de alta velocidade, processo iniciado com a assinatura do PMA (Acordo de Gestão de Transporte). Este acordo entre o MOR e os governos provinciais individuais possui duas características principais: primeiro, confirma e legitima o poder do MOR/CNRG na construção do projeto e na operação dos serviços quando este for concluído. Segundo, ele define a participação provincial no capital do projeto em dinheiro, o que varia de 30 a 50%, dependendo do nível de riqueza da província – por exemplo, Guangdong, a província mais rica, precisa investir 50% do capital total para uma ferrovia que ligue as cidades da província. O segundo elemento-chave nessa estrutura são os chamados "braços financeiros", que incluem a China Railway Investment Co. (CRIC), subsidiária do Ministério da Ferrovia (MOR), e subsidiárias similares sob o governo provincial. Uma função importante dessas organizações é emitir títulos ou tomar dinheiro emprestado de bancos comerciais e outros financiadores para o desenvolvimento ferroviário, pois os governos não estão autorizados a fazê-lo diretamente, conforme definido pela Lei Orçamentária da China. O resgate e os juros são garantidos pelo Ministério da Ferrovia (MOR) ou pelos governos provinciais; portanto, esses empréstimos são um negócio desejável para os bancos, já que são garantidos pelo governo. Devido ao aporte de capital desses braços financeiros, o capital real em dinheiro do Ministério da Ferrovia (MOR) e dos governos locais para iniciar um projeto pode ser muito menor do que o exigido por lei (normalmente 25% a 35% do investimento total).

O governo chinês e a estatal CRRC (China Railways and Rolling-stock Corporation), vale destacar, tiveram sucesso construindo mais de 40 mil km de linhas ferroviárias na última década. Pequim ofereceu apoio suficiente para que a CRRC estendesse as linhas ferroviárias, e as comunidades chinesas locais, por sua vez, estavam dispostas a colaborar. A maioria dessas linhas foi construída para conectar cidades, ou seja, em regiões escassamente povoadas. Por exemplo, Pequim e Xangai são zonas metropolitanas muito populosas, mas uma linha ferroviária que ligasse as duas cidades ocuparia grandes áreas rurais. O governo chinês tem domínio eminente sobre todas as terras da China, o que significa que ele pode facilmente realocar pessoas e empresas, e requisitar terras para uso ferroviário. Dessa forma, a CRRC não precisou pagar altos custos pelas terras em áreas agrícolas, desde que os governos locais aprovassem suas compras. A CRRC recebeu apoio dos governos local, provincial e central na construção de novas linhas ferroviárias, que trabalharam em conjunto.

O sistema nacional de ferrovias de alta velocidade da China nunca foi pensado para ser lucrativo no curto prazo. Foi construído como um serviço ao povo e, também, para reduzir o congestionamento nas estradas. Eles mantiveram as tarifas baixas e investiram no aumento de velocidade de modo a incentivar as pessoas a usá-lo. Ressalte-se, no entanto, que cada linha concluída incorre em perdas em seus primeiros anos de operação. O trem de alta velocidade Pequim-Tianjin custou ¥ 20,42 bilhões para construir e ¥ 1,8 bilhão anualmente para operar e precisa fornecer 40 milhões de viagens por ano para atingir a lucratividade. Em seu primeiro ano, 2008-2009, transportou 18,7 milhões de passageiros e gerou ¥ 1,1 bilhão em receitas para um prejuízo de ¥ 0,7 bilhão. No ano seguinte, o número de passageiros subiu para 22,3 milhões e as receitas melhoraram para ¥ 1,4 bilhão, para um prejuízo de ¥ 0,5 bilhão. Em 2016, atingiu o limite máximo, fornecendo 100 milhões de viagens – 100% da capacidade – e altamente lucrativo.

Na China, o serviço ferroviário de alta velocidade é competitivo frente ao transporte rodoviário e aéreo em distâncias de até 1.200 km. As tarifas são compatíveis com as de ônibus e aéreas, representando cerca de um quarto das tarifas básicas em outros países. Isso permitiu que o transporte ferroviário de alta velocidade atraísse mais de 1,7 bilhão de passageiros por ano, de todas as faixas de renda. Um fator-chave para manter os custos baixos é a padronização de projetos e procedimentos. O custo de construção da rede ferroviária de alta velocidade chinesa, com uma média de US$ 17 milhões a US$ 21 milhões por km, representa cerca de dois terços do custo em outros países. Além disso, grande parte dos custos mais baixos da China se deve ao seu abrangente programa de pesquisa e desenvolvimento de ferrovias de alta velocidade, vinculado às diretrizes do desenvolvimento liderado pelo Estado chinês. Os custos atuais de construção e fabricação são, agora, 30% a 40% mais baratos do que em qualquer outro lugar do planeta. Além dos custos, rapidez: a Máquina Montadora de Vigas de Ponte SLJ900/32, por exemplo, instala um trecho pré-fabricado de trilhos em 50 minutos, muito mais rápido do que se fosse feito por 20 trabalhadores (Yang, 2025).

Muito mais que um meio de transporte, as ferrovias são um testemunho da mudança social chinesa, além de um importante "acelerador" da economia. Como um projeto de infraestrutura de grande escala, a construção de ferrovias de alta velocidade envolve investimentos substanciais em áreas como materiais de construção, máquinas e equipamentos elétricos, impulsionando significativamente esses setores. Além de promover diretamente o desenvolvimento das indústrias e criar inúmeras oportunidades de emprego, o considerável aporte financeiro também desempenha um papel significativo na estabilização do crescimento econômico. Cada 100 milhões de yuans (US$ 13,8 milhões) investidos em ferrovias de alta velocidade podem gerar cerca de 300 milhões de yuans em investimentos em indústrias como metalurgia, construção e manufatura, criando mais de 2.200 empregos. Além disso, a construção de ferrovias de alta velocidade impulsiona a inovação tecnológica e as atualizações em setores relacionados. Indústrias tradicionais como a siderurgia, o cimento e a fabricação de máquinas têm continuamente atualizado sua tecnologia e processos para melhorar a qualidade do produto e a eficiência da produção (CHIANG'AN, 2024).

Primeiro, a abertura de ferrovias de alta velocidade pode melhorar a construção de infraestruturas e aumentar a conveniência do transporte, facilitando a agregação de talentos inovadores dentro da região. Segundo, pode remodelar a estrutura espacial das cidades, aprimorando a eficiência da alocação de recursos, além de criar oportunidades de investimento ao incentivar o capital de risco e reduzir os custos de inovação. Finalmente, pode acelerar o fluxo de informações, facilitando a transferência e difusão de conhecimento e tecnologia entre regiões, um suporte crucial para a condução de atividades de inovação. Seus benefícios envolvem, ainda, a inovação de indústrias de alta tecnologia (como ciência e tecnologia, finanças e informação) em cidades ao longo da linha ferroviária e áreas circundantes, fornecendo suporte e garantias necessários para otimizar o ambiente de inovação urbana. O desenvolvimento da rede ferroviária de alta velocidade da China também é um elemento importante da revitalização rural, um programa que dá continuidade às políticas do país para erradicar a pobreza extrema. Além de impulsionar o turismo local, novas estações de trem de alta velocidade no interior do país incentivam pequenos negócios e criam empregos, evitando a migração interna em busca de oportunidades.

2.3. Maglev

O trem Maglev utiliza o princípio da atração e repulsão que se cria entre dois campos magnéticos. Tanto o trem quanto as vias possuem potentes eletroímãs, por isso a repulsão permite que o trem se eleve uns centímetros sobre as vias. Ao mesmo tempo, o atrai para que ele possa deslizar com suavidade. Isso significa que o trem Maglev é muito mais leve, pois não precisa de rodas, freios ou outras peças pesadas de aço projetadas para mantê-lo em segurança na ferrovia.

Construída em cerca de dois anos e meio, entre 2001 e 2004, com um investimento de US$ 1,2 bilhão, a linha Maglev opera atualmente em intervalos de 15 minutos, 15 horas por dia, 7 dias por semana, com manutenção/reparos programados durante o período noturno. Dois vagões de cinco seções estão em serviço para lidar com as 108 viagens por dia, com um terceiro vagão como reserva. Mantidos pela SMTDC, empresa criada para implementar o projeto, os trens Maglev normalmente atingem 350 km/h em 2 minutos, com uma velocidade máxima de 431 km/h em serviço normal. Durante um teste em 12 de novembro de 2003, um trem Maglev atingiu a velocidade máxima de 501 km/h. O trem parte da Estação Longyang Road, na Linha 2 do Metrô de Xangai, até o Aeroporto Internacional de Pudong, e a extensão total da linha é de cerca de 30 km, com uma linha adicional separada que leva a uma instalação de manutenção. O trem leva 7 minutos e 20 segundos para completar a viagem e tem uma velocidade máxima de operação de 431 km/h, consolidando-se como o transporte público ferroviário mais rápido atualmente em operação.

O Maglev de Xangai foi desenvolvido na Alemanha por uma joint venture entre a Siemens e a ThyssenKrupp e implementado na China. Na cidade de Kassel, Alemanha, foram construídas as 18 seções de veículos para Xangai, bem como cerca de 124 mil dos conjuntos de estatores fixados às guias. Dentro dos conjuntos de estatores estão os discos para os quais a EBG (outra empresa do Grupo ThyssenKrupp) forneceu a chapa metálica elétrica. A ThyssenKrupp Transrapid forneceu os enrolamentos do motor a serem inseridos nos conjuntos de estatores (incluindo o equipamento de instalação), bem como oito interruptores de guia. A maior parte do trabalho de engenharia desses componentes foi realizada pela ThyssenKrupp Transrapid, enquanto as vigas de aço flexíveis para os interruptores foram fabricadas e instaladas pela Krupp Stahlbau Hannover – as unidades de controle dos interruptores e os enrolamentos do motor, por sua vez, foram terceirizados. Todos os subsistemas, vale dizer, foram montados e instalados em Xangai pela equipe do cliente chinês, sob a supervisão do Consórcio Transrapid Systems. Em nítido contraste, a guia (composta por vigas, subestruturas e fundações) ficou inteiramente a cargo dos chineses, com algum suporte de consultoria do consórcio alemão.

O Changsha Maglev Express é o primeiro trem de levitação magnética de média velocidade (Maglev) desenvolvido internamente na China, projetado como solução de transporte urbano rápido. Em operação desde 2016, a linha de 18,6 km conecta a Estação Ferroviária Sul de Changsha ao Aeroporto Internacional Changsha Huanghua, oferecendo serviço rápido e confiável para passageiros do aeroporto e passageiros locais. Com uma velocidade de projeto de 100 km/h em sua fase inicial — posteriormente ampliada para 140 km/h — o sistema funciona como um serviço de transporte exclusivo para o aeroporto, em uma demonstração da crescente capacidade da China em tecnologia Maglev. O Changsha Maglev utiliza tecnologia de suspensão eletromagnética (EMS), na qual eletroímãs montados no trem atraem uma guia de aço por baixo, levitando o trem apenas alguns milímetros acima dos trilhos. Essa configuração elimina o contato físico, permitindo um deslocamento silencioso, suave e de baixa manutenção. Um motor de indução linear embutido na guia fornece propulsão e frenagem. Sistemas de controle ativo, por sua vez, ajustam continuamente a força magnética para manter uma folga de levitação estável durante a operação. Vale destacar, o sistema Maglev é totalmente automatizado, permitindo um serviço de alta frequência e sem condutor, ideal para curtas e médias distâncias. Sua via elevada de concreto e seu projeto modular permitem uma construção rápida e econômica em ambientes urbanos densos. A linha provou ser eficiente e confiável, transportando milhões de passageiros e servindo de modelo para futuras implantações de Maglev na China. Também existe um Maglev funcionando na linha S1 do metrô de Pequim, com sete paradas em uma distância de 9 km. Em 2024, teve início a construção da primeira fase de uma linha Maglev de 48,7 km entre Changsha e Liuyang, na província de Hunan, descrita como a primeira linha Maglev intermunicipal da China, que atingirá uma velocidade máxima de 160 km/h.

Em 9 de agosto de 2022, a CREC concluiu a primeira linha de teste do mundo para projeto de transporte ferroviário maglev de ímã permanente de terras raras, a "Red Rail", no condado de Xingguo, província de Jiangxi. Ao contrário dos trens de levitação magnética que flutuam sobre uma almofada de resistividade magnética abaixo, o primeiro trem aéreo do mundo flutua sem esforço a partir de um trilho acima. Com ímãs permanentes de terras raras no trilho e em um braço acima do trem "Red Rail", resistindo um ao outro, o trem pode levitar acima do solo abaixo, mesmo com a eletricidade desligada. Com as forças magnéticas de repulsão criando um passeio sem atrito e sem a necessidade de peças móveis para propulsão, é necessária apenas uma pequena quantidade de eletricidade para transportar até 88 passageiros ao longo de um único trilho elevado de 800 metros (2.625 pés), de acordo com a equipe da Universidade de Ciência e Tecnologia de Jiangxi que desenvolveu o trem. Este trem de teste maglev foi projetado para viajar a 80 km/h, mas pode atingir uma velocidade máxima de 120 km/h (Yang, 2025).

Em abril de 2024, a Corporação de Ciência e Indústria Aeroespacial (CASIC), estatal da China, apresentou um novo trem de alta velocidade que não circula por ferrovias, mas voa por tubos. Há esperanças de que um dia ele conecte cidades e vilas por todo o país, operando a velocidades de até 4.000 km/h. O trem de levitação magnética pode atingir velocidades de 623 km/h em testes — quase 200 km/h mais rápido que o trem mais veloz em serviço. Pela primeira vez, ele viajou de forma estável através do tubo de baixo vácuo de 2 km. Em maio de 2025, o protótipo de Maglev testado na província de

Shanxi utiliza um sistema tão avançado que basicamente rompe com a gravidade. O Super Bullet Maglev é um trem maglev chinês experimental de alta velocidade, com velocidade máxima projetada de 620 km/h. Desenvolvido pela construtora bávara Bögl em conjunto com um parceiro chinês local, o protótipo foi revelado em 13 de janeiro de 2021, em uma pista de teste em Chengdu, Sichuan. De acordo com o Laboratório Estadual de Energia de Tração, o trem usa nitrogênio líquido para atingir a supercondutividade. De Pequim a Xangai: 995 km. Atualmente, são 5,5 horas de trem de alta velocidade regular. Este novo Maglev? Duas horas e meia.

Em junho de 2025, durante testes no Centro de Inovação em Tecnologia de Propulsão Eletromagnética de Levitação Magnética de Alta Velocidade, do Laboratório Donghu, na província de Hubei, no centro da China, um veículo de 1,1 tonelada percorreu uma pista de testes de 1 km, atingindo 650 km/h. Em julho de 2025, um Maglev fez sua estreia pública em Pequim – um projeto ambicioso que deve reduzir drasticamente o tempo de viagem e consolidar a reputação da China como líder mundial em redes ferroviárias de alta velocidade. O trem – que pode atingir velocidades de 600 km/h (373 mph) – foi revelado esta semana na 17ª exposição Modern Railways, oferecendo uma visão futurista das aspirações de transporte ferroviário da China. Desenvolvido pela China Railway Rolling Stock Corporation (CRRC), o trem apresenta um formato elegante e aerodinâmico, com um nariz pontudo para reduzir o arrasto do ar que passa por ele. Quando esse tipo de velocidade pode ser alcançado, os trens podem basicamente competir com os aviões.

A China também vem construindo sistemas de metrô urbano a um ritmo surpreendente. Até 2024, havia construído sistemas de metrô em 54 cidades, cobrindo mais de 10 mil km, superando a extensão total das oito maiores redes de metrô do mundo, incluindo as dos EUA, Reino Unido, Japão e Rússia. Quatro das dez maiores redes de metrô do mundo estão agora na China.

2.4. Estações ferroviárias

Nos últimos anos, enormes estações ferroviárias chinesas foram construídas para complementar o desenvolvimento da nova rede ferroviária de alta velocidade do país. Muitas dessas estações são tão grandes que faz mais sentido compará-las a aeroportos, tamanha a sua escala. Algumas das maiores estações da China estão localizadas em grandes cidades como Pequim, Xangai e Guangzhou, e em cidades menos conhecidas.

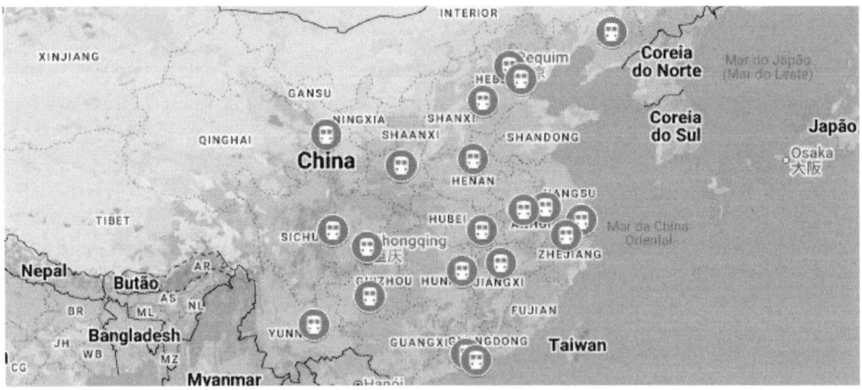

As 20 maiores estações ferroviárias da China

Com 34 plataformas, Xi'an tem a maior estação de trem da China. É o ponto oriental da Rota da Seda. Em Xangai, há 30 plataformas.

Estação Ferroviária de Xangai

Com uma área construída de 475.200 m², a estação ferroviária de Xiong'an é a maior da Ásia até agora. Possui 606 m de comprimento de norte a sul, 355,5 m de largura e 47,2 m de altura. O corpo principal do edifício da estação tem cinco pisos, sendo três acima do solo e dois subterrâneos. De cima a baixo, existem uma sala de espera elevada, ao nível da plataforma; sala de espera ao nível do solo; área de desenvolvimento comercial; e espaço reservado para a linha ferroviária urbana M1. São ao todo 13 plataformas e 23 trilhos no total, com sete plataformas e 12 trilhos para o novo serviço norte-sul Pequim–Xiong'an, de 91 km; quatro plataformas e sete trilhos para o serviço leste-oeste Tianjin–Xiong'an; e duas plataformas e quatro pistas para o metrô expresso R1/R2. Usando visualização 3D e pesquisas com drones, a equipe de construção conseguiu planejar e gerenciar com eficiência a logística, a configuração de equipamentos em grande escala, o armazenamento de materiais e as instalações de construção temporárias para garantir um rápido processo (Marcelino, 2024).

Estação Ferroviária de Xiaong'an

Localizada na Nova Área de Chayuan, no distrito de Nan'an, a Estação Ferroviária Leste de Chongqing está posicionada como um nó fundamental em estratégias nacionais como o Círculo Econômico Chengdu-Chongqing, o Cinturão Econômico do Rio

Yangtze e o Novo Corredor Internacional de Comércio Terrestre-Marítimo. Além de transformar os padrões de tráfego no leste e sul de Chongqing, ela revigorará a construção moderna de Chongqing. A estação possui 15 plataformas e 29 trilhos. Seu prédio se estende por oito andares, com uma área total de construção de 1,22 milhão de m^2, equivalente a 170 campos de futebol padrão. Seu telhado cobre aproximadamente 120 mil m^2 e pesa 16.500 toneladas. Operam sete ferrovias de alta velocidade, proporcionando acesso rápido a todo o país e formando um circuito ferroviário de alta velocidade de "1-3-6 horas", abrangendo um bilhão de pessoas. O projeto da estação também permite a rápida troca entre diversos modais de transporte, priorizando a acessibilidade e a conveniência.

Chongqing, nos últimos anos, elaborou planos de ação para impulsionar a aplicação de robôs e cultivar indústrias futuras, capacitando o desenvolvimento da indústria de robótica a partir de uma perspectiva institucional de alto nível. Atualmente, a cidade reúne mais de 300 empresas importantes de robótica e hospeda 31 plataformas de pesquisa e desenvolvimento, como o Instituto de Tecnologia Verde e Inteligente de Chongqing, da Academia Chinesa de Ciências, e um centro nacional de testes de robótica. Em 2024, a produção de robótica da cidade ultrapassou 60 mil unidades, com o valor total da produção da cadeia industrial ultrapassando US$ 5 bilhões.

Como diria Marx, mudanças na indústria e na agricultura tornaram necessárias mudanças nos meios de transporte e, posteriormente, na "produção de máquinas por meio de máquinas". A Estação Ferroviária Leste de Chongqing foi construída por um exército de robôs: máquinas de nivelamento a laser de quatro rodas, equipadas com sensores LiDAR, algoritmos de IA e conectividade 5G, substituíram o nivelamento manual de concreto. Enquanto os trabalhadores as monitoram remotamente de abrigos sombreados, sua precisão reduz o desperdício. Robôs de patrulha, inabaláveis pela noite ou pela chuva, tornaram-se sentinelas 24 horas por dia, 7 dias por semana. Usando visão de IA, eles detectam a ausência de capacetes ou veículos perdidos em um raio de 100 m durante o dia ou 50 m à noite, reduzindo o tempo de identificação de perigos em 90% e quadruplicando a eficiência da inspeção de qualidade. Robôs instaladores de vidro trabalham com painéis de 800 kg necessários para fachadas elevadas. Braços servo posicionam as enormes unidades de vidro com precisão milimétrica, acelerando a instalação em três vezes e reduzindo os riscos de acidentes em 90% — em comparação com o içamento manual por dezenas de trabalhadores. Robôs de soldagem omnidirecionais foram utilizados para unir instalações de tubos aéreos. Com controle de giro com precisão de 0,1 mm, eles selaram uma junta de tubo de aço de 800 mm de diâmetro em duas horas — um terço do tempo necessário manualmente — garantindo qualidade consistente em tarefas em grandes altitudes.

2.5. Perspectivas da revolução ferroviária chinesa

Em 2024, o sistema ferroviário da China transportou 4 bilhões de passageiros, um crescimento anual de 10%. Além disso, o número de passageiros transportados por ferrovias em um único dia atingiu um recorde de 21,448 milhões. Até o final de 2024, a quilometragem operacional ferroviária da China atingiu 162 mil km, dos quais 48 mil eram de ferrovias de alta velocidade, um recorde. Em 2025, o sistema ferroviário nacional deverá transportar um total de 4,28 bilhões de passageiros, um aumento de 4,9% ano a ano. Em 2024, 3.113 km de novas linhas ferroviárias foram comissionados, dos quais 2.457 eram ferrovias de alta velocidade. O investimento total da China em ativos fixos ferroviários atingiu 850,6 bilhões de yuans (US$ 117 bilhões) no mesmo ano, um aumento de 11,3% em relação ao período anterior. Ainda, um total de 1.860 trens dedicados ao turismo foram operados em 2024, aumento de 20% em relação a 2023. A infraestrutura logística relacionada a ferrovias também foi acelerada com a construção de 44 linhas ferroviárias especiais para cargas e 12 bases logísticas ao longo das linhas ferroviárias. Em 2025, a China Railway pretende concluir 590 bilhões de yuans em investimentos em infraestrutura ferroviária e colocar 2.600 km de novas linhas em operação – até 2030, a quilometragem operacional ferroviária nacional deverá atingir 180 mil km, dos quais cerca de 60 mil km serão ferrovias de alta velocidade, algo sem precedentes no mundo.

A rede ferroviária de alta velocidade da China é a maior do mundo e continua a crescer com planos de expansão ainda mais ambiciosos. De 2021 a 2024, o país expandiu sua rede ferroviária de alta velocidade em 10 mil km, elevando a extensão total operacional para 48 mil km até o final de 2024. Esse crescimento posiciona os chineses para sua ambiciosa meta de atingir 50 mil km até o final do ano. Entre 2021 e 2024, o investimento total em infraestrutura de transportes foi de 15,2 trilhões de yuans (aproximadamente

US$ 2,2 trilhões). Além de expandir seu sistema ferroviário de alta velocidade, a China também adicionou 30 mil km à sua rede de vias expressas, elevando o total para 191 mil km, e expandiu suas hidrovias em 1.600 km, chegando a 17.600 km. Essa expansão significativa revolucionou as viagens domésticas, aumentando significativamente a conveniência e a eficiência para milhões de cidadãos chineses. No primeiro semestre de 2025, as ferrovias do país atingiram um novo marco, com 2,24 bilhões de viagens de passageiros. A Administração Ferroviária Nacional da China já está trabalhando no 15º Plano Quinquenal de Desenvolvimento Ferroviário, que se concentrará na expansão e otimização da malha ferroviária. O plano visa melhorar a eficiência do transporte, reduzir os custos logísticos e atender à crescente demanda por viagens de passageiros e transporte de cargas. Ele também se alinha ao objetivo mais amplo de fortalecer a posição da China como líder econômica global, investindo em infraestrutura que apoie o comércio doméstico e internacional.

3. NOVA ROTA DA SEDA FERROVIÁRIA

A primeira vez que a China se envolveu na construção de um sistema ferroviário de alta velocidade em solo estrangeiro foi em 2014, com a segunda fase da ferrovia Ancara-Istambul. Desde então, participa da implementação de conexões ferroviárias rápidas em diversos países. A China pode exportar um pacote completo, que inclui engenharia de obras públicas, sistemas de comunicação, fornecimento de energia de tração e fabricação de automóveis de passageiros, entre outros. A cadeia produtiva ferroviária chinesa abrange todas as etapas da produção e operação dos sistemas, desde a extração e fornecimento de matérias-primas (ferro e outros materiais necessários para componentes), fabricação de trilhos, vagões, locomotivas, sistemas de sinalização e equipamentos essenciais, até a construção e manutenção da infraestrutura — como instalação de ferrovias, estações e terminais de carga — além da operação propriamente dita, envolvendo gestão dos trens, transporte de passageiros e cargas, sinalização e coordenação de horários.

Não é surpreendente que, apoiada nessa vasta experiência local, a China esteja constantemente expandindo sua infraestrutura ferroviária ao redor do mundo, enquanto locomotivas e material rodante chineses são entregues a um número crescente de países. Em 2013, foi anunciada a iniciativa Nova Rota da Seda. A introdução de novos trens de alta velocidade e linhas mais diretas tem efeito positivo na economia chinesa, especialmente por prazos de entrega mais rápidos. Além disso, junto à implementação do Cinturão Econômico da Rota da Seda, o governo anunciou outros investimentos em infraestrutura, incluindo ferrovias rápidas na região ocidental do país, com o objetivo de promover prosperidade local.

Um dos principais eixos do Cinturão Econômico da Rota da Seda segue principalmente pelas linhas que conectam o oeste da China à Europa, passando pela Ásia Central, Irã, Turquia, Bálcãs e Cáucaso, ao longo dos 11 mil km de extensão da Eurásia. Simultaneamente, foram desenvolvidos projetos regulares de ferrovias e metrôs na Grécia, Hungria e Sérvia. A China também foi pioneira no transporte ferroviário de carga na Eurásia, ligando o país ao continente europeu via Mongólia, Rússia e Cazaquistão. Atualmente, são realizadas cerca de 19 mil viagens de trem de carga por ano, totalizando mais de 100 mil desde o início do serviço na década de 2010. O custo é altamente competitivo, e o tempo de viagem equivale a menos de um terço do frete marítimo (Cullen, 2025).

O transporte ferroviário de mercadorias entre China e Cazaquistão tem apresentado crescimento expressivo. Segundo o Ministério dos Transportes do Cazaquistão, o volume de carga atingiu um recorde histórico de mais de 32 milhões de toneladas métricas até o fim de 2024. As exportações cresceram 1 milhão de toneladas, totalizando 13,7 milhões, com principais produtos sendo minérios de ferro e outros metais, além de grãos. Um fator-chave desse crescimento foi a inauguração do terminal do Cazaquistão no porto seco de Xi'an. Em 2024, mais de 300 trens de contêineres passaram por esse terminal e pelo porto de Aktau, número 30 vezes maior que no ano anterior (Otorbaev, 2025).

Em 2024, China e Uzbequistão inauguraram novas rotas ferroviárias. O trem inaugural de blocos de contêineres partiu da Estação Ferroviária de Jinhua, no leste chinês, passou por Altynkol, no Cazaquistão, chegando a Nazarbek, perto de Tashkent, capital uzbeque. O trem, com 50 contêineres padrão de 40 pés, percorreu 6.250 km em apenas 12 dias. Em 1° de janeiro de

2025, foi lançado um serviço de trem de carga de alta velocidade conectando Xi'an, capital da província de Shaanxi, a Tashkent. Esse transporte, também com 50 contêineres, percorreu mais de 4.600 km, levando eletrodomésticos, têxteis e produtos químicos via Horgos (China) e Saryagach (Cazaquistão). A nova rota reduziu significativamente os prazos de entrega, de oito a dez dias para apenas cinco a seis (Otorbaev, 2025).

A construção da nova linha ferroviária de alta montanha China-Quirguistão-Uzbequistão teve início em 27 de dezembro de 2024, visando acomodar o rápido crescimento do tráfego. A ferrovia reduz em 900 km a distância entre a China e países europeus. Com extensão total de 486 km, mais de 300 km atravessam o Quirguistão. O projeto inclui 18 estações, 81 pontes somando 26,1 km e 41 túneis com 120 km, totalizando 146 km de trechos elevados ou subterrâneos — cerca de 47% do percurso quirguiz. A expectativa é que o corredor transporte anualmente 15 milhões de toneladas de carga, além de oferecer serviços regulares de passageiros.

Em maio de 2025, um trem chinês chegou ao Irã após 14 dias e 10.399 km de viagem. O transporte de carga utilizou as conexões ferroviárias existentes entre China, Cazaquistão, Uzbequistão, Turcomenistão e Teerã. Situado estrategicamente no Oriente Médio, o Irã compartilha fronteiras terrestres com sete países e possui canais marítimos nas regiões norte e sudoeste. Essa rota ferroviária transcontinental evita pontos marítimos vulneráveis, frequentemente patrulhados por forças hostis, oferecendo alternativa para contornar sanções dos Estados Unidos e União Europeia. A rede conecta Irã, China, Cazaquistão, Uzbequistão, Turcomenistão e Turquia, com potencial para transformar a dinâmica geopolítica na Eurásia.

Os serviços ferroviários de carga China-Europa cresceram significativamente em 2024, com 19 mil viagens realizadas — 10% a mais que no ano anterior — e mais de 2 milhões de TEUs (unidades equivalentes a 20 pés) transportados, um aumento de 9%. Lançado em 2011 como parte da Nova Rota da Seda, o serviço atualmente liga 227 cidades em 25 países europeus e mais de 100 em 11 países asiáticos. Desde seu início, já foram transportados mais de 11 milhões de TEUs, avaliados em mais de US$ 420 bilhões. Em outubro de 2022, a China lançou sua primeira linha multimodal ligando Chengdu a Casablanca via Hamburgo, integrando transporte ferroviário e marítimo em uma viagem de 35 dias. Em novembro de 2024, um carregamento de veículos elétricos foi enviado com sucesso de Chengdu à Geórgia, cruzando Cazaquistão e Mar Cáspio, combinando transporte ferroviário, marítimo e rodoviário. A rota segue o Corredor do Meio, importante eixo comercial pela Ásia Central e Cáucaso Meridional.

No Sudoeste Asiático, outro eixo do Cinturão Econômico da Rota da Seda se desenvolve principalmente por linhas que conectam a China à região. As redes ferroviárias locais, muitas vezes legados coloniais com bitolas estreitas (1 a 1,067 m), não atingem velocidades compatíveis com trens de alta velocidade. Em contrapartida, as bitolas largas usadas em países da antiga União Soviética e no Sul da Ásia (1,52 m e 1,668 m, respectivamente) possibilitam maior velocidade. Ainda assim, novas linhas estão sendo construídas para conectar China a Laos, Vietnã, Tailândia, Indonésia e Cingapura.

Em 2021, foi inaugurada a ferrovia de semialta velocidade Laos-China, ligando Kunming, no sudoeste da China, à capital do Laos, Vientiane — uma viagem de aproximadamente 10 horas, com cerca de 1.000 km de extensão. O percurso de 414 km atravessa as montanhas Truong-Son, com 75 túneis e 167 pontes. No início de 2025, o Vietnã aprovou um plano de US$ 8 bilhões para construir uma nova ferrovia ligando sua região norte à China.

Com apoio chinês, o primeiro trem-bala do Sudoeste Asiático começou a operar na Indonésia em outubro de 2023, conectando Jacarta a Bandung, importante centro cultural de Java

Ocidental. Na Tailândia, um projeto ferroviário de alta velocidade está em andamento, buscando conectar a ferrovia Laos-China a Bangkok. O plano inclui futura expansão até o norte da Malásia, ligando Kuala Lumpur e, posteriormente, Cingapura.

A Ligação Ferroviária Kunming-Cingapura pretende unir países do Sudeste Asiático continental à China por três rotas: a oriental, via Vietnã e Camboja até Bangkok; a central, passando por Laos e Tailândia até a capital tailandesa; e a ocidental, por Mianmar até Bangkok. De lá, a conexão seguirá pelo sul da Tailândia e Malásia até Cingapura. Até 2040, a expectativa é reduzir a viagem de Kunming a Cingapura — 3.800 km — para 18 horas, graças a melhorias na infraestrutura.

Na África, as Novas Rotas da Seda impulsionam avanços significativos na infraestrutura, com ferrovias desempenhando papel central. Um exemplo é a Linha Azul do Transporte Ferroviário de Massa de Lagos (LRMT), na Nigéria. Construída pela China Civil Engineering Construction Corporation (CCECC), sua primeira fase de 27 km entrou em operação em setembro de 2023, conectando Marina a Milha 2. O sistema atende 250 mil passageiros diários, com previsão de dobrar a capacidade após conclusão total. A Ferrovia Mombasa-Nairóbi, no Quênia, contribuiu para integração regional e eficiência comercial, enquanto o sistema de Lagos enfrenta desafios como congestionamento urbano.

Em 2019, foi concluída a Ferrovia de Benguela, em Angola. Com 1.344 km, cruza o país do porto de Lobito, no Atlântico, até Luao, na fronteira com a República Democrática do Congo (RDC), passando por cidades importantes como Benguela, Huambo, Kuito e Luena. Essa ferrovia conecta Angola à RDC e deve alcançar a Zâmbia via RDC, reduzindo custos de exportação de cobre e outros recursos. A Ferrovia de Benguela e a Ferrovia Tanzânia-Zâmbia formam corredor crucial entre os oceanos Atlântico e Índico, na África Oriental, Central e Meridional. Em 2024, o Banco de Desenvolvimento da China (CDB) concedeu empréstimo de US$ 254,76 milhões para o projeto ferroviário Kano-Kaduna, na Nigéria. Após conclusão, a linha oferecerá conexão direta entre Kano, no norte da Nigéria, e Abuja, capital do país. O projeto foi incluído na lista de cooperação prática do Terceiro Fórum do Cinturão e Rota para Cooperação Internacional.

A CRRC Qingdao Sifang Co., Ltd. firmou acordo em 2020 com a Ferrovia Estatal Chilena para fornecer seis trens bimotores a combustão, com velocidade máxima de 160 km/h, visando modernizar o transporte ferroviário de passageiros local. Trata-se do primeiro projeto desse tipo no Chile e o primeiro trem bimotor chinês exportado para o exterior. Os trens combinam sistemas de combustão interna e alimentação elétrica, podendo alternar entre as fontes sem interrupção, aumentando operabilidade e confiabilidade. Equipados com freios eletromagnéticos avançados, melhoram a frenagem e reduzem distâncias. Cada unidade transporta até 630 passageiros e dispõe de telas LED, Wi-Fi, tomadas, ar-condicionado, vagões de alimentação, áreas acessíveis para cadeirantes e banheiros multifuncionais, garantindo conforto e praticidade.

Existem ferrovias sendo construídas também no Egito, Etiópia, Quênia, Arábia Saudita, Tanzânia e outros países. A construção dessas ferrovias oferece uma grande oportunidade para as nações do Sul Global impulsionarem o desenvolvimento inovador, e a China está liderando essa tendência. Embora muitos países em desenvolvimento avancem na construção de ferrovias, o progresso chinês é mais rápido e abrangente. A experiência urbana chinesa pode fornecer lições valiosas para países do mundo inteiro, devendo ser conhecida e compreendida. Devemos estar atentos à China na corrida para desenvolver ferrovias, considerando suas perspectivas únicas sobre como a tecnologia pode melhorar o espaço público e criar bens públicos. Há muito a aprender com as ferrovias chinesas e com a Nova Rota da Seda, que continuarão construindo, no século XXI, um sistema de transporte sem precedentes para a humanidade.

4. BREVE GUIA DE VIAGEM

As ferrovias de alta velocidade da China conectam mais de 550 cidades, facilitando o deslocamento entre elas e tornando-se a melhor forma de conhecer o país. Comparado ao avião, viajar de trem-bala é mais pontual, geralmente mais barato e, sobretudo, proporciona uma experiência memorável, com paisagens que mudam constantemente do lado de fora. Com a chegada dos trens Maglev, que atingem velocidades próximas a 600 km/h, as viagens ferroviárias ficarão ainda mais rápidas. Cada trem possui um código alfanumérco: os de alta velocidade começam com G, D ou C, enquanto os trens convencionais são indicados por Z, T ou K.

1. **Trens G (Gaotie):** são os mais rápidos da China, alcançando até 350 km/h. Ideais para viagens longas entre grandes cidades, como Pequim e Xangai, reduzem significativamente o tempo de deslocamento.
2. **Trens D (Dongche):** um pouco mais lentos que os G, alcançam até 250 km/h. São ideais para rotas curtas e viagens noturnas, conectando cidades da mesma região ou atendendo viajantes com orçamento limitado. Alguns modelos possuem beliches para maior conforto em viagens noturnas.
3. **Trens C (Chengji):** normalmente usados para viagens intermunicipais, atingem até 200 km/h e cobrem distâncias curtas entre cidades. Frequentes em áreas densamente povoadas, como o corredor Pequim-Tianjin, são ideais para deslocamentos diários ou viagens de um dia, oferecendo rapidez e eficiência.

Trem G			
Cidade de partida	Cidade de Chegada	Tempo de execução	Distância (KM)
Pequim	Xangai	5h30m	1318
Pequim	Xian	5h40m	1216

Os trens oferecem várias opções de bilhetes para diferentes orçamentos e níveis de conforto. Nos trens de alta velocidade, há segunda classe, primeira classe, classe executiva e, às vezes, uma classe VIP — que fica entre a primeira e a executiva — além de cabines-leito. Os preços aumentam gradativamente: a primeira classe custa de 1,5 a 2 vezes a segunda, e a executiva pode custar até três vezes mais.

Os assentos da segunda classe são confortáveis, reclináveis e com bom espaço para as pernas. Na primeira classe, há menos assentos por fileira, que são mais largos e oferecem mais espaço, ideal para viagens longas. A classe executiva, disponível nos trens Gao Tie, tem assentos de couro ainda mais confortáveis e espaço extra.

Normalmente, são cerca de 20 vagões, em sua maioria lotados. As passagens começam a ser vendidas 15 dias antes da viagem, então é recomendável reservar online, onde muitos bilhetes se esgotam rápido. As passagens são eletrônicas e vinculadas ao passaporte, dispensando o bilhete impresso. A política de "bilhete com nome real" exige documento para compra.

O trajeto Pequim–Xangai tem cerca de 1.200 km, e o trem de alta velocidade cobre essa distância em aproximadamente 5 horas, com custo em torno de US$ 83 (605 CNY) por pessoa. Já o trecho Xangai–Suzhou, com 110 km, dura cerca de 25 minutos, com passagem por volta de US$ 5,5 (40 CNY). Na rota Kunming–Guangzhou, há mais de 20 opções de trem e 60 tipos de bilhete por dia. O bilhete mais barato custa cerca de US$ 26

(190 CNY) e a viagem dura 27 horas. A passagem mais cara sai por US$ 208 (1.515 CNY), com tempo de 7h50min. Já de avião, os preços variam entre US$ 167 e US$ 333 (1.217 a 2.427 CNY).

As estações chinesas, especialmente nas grandes cidades, são gigantes, mais parecidas com aeroportos que com estações europeias. Por isso, é recomendável chegar com uma hora de antecedência, sobretudo se for sua primeira viagem. As cidades grandes costumam ter várias estações; por exemplo, Pequim possui sete: Estação Ferroviária de Pequim, Pequim Nan (Sul), Pequim Xi (Oeste), Pequim Bei (Norte), Pequim Fengtai, Pequim Chaoyang, Qinghe e Aeroporto de Daxing. Durante feriados ou períodos de pico, as estações ficam lotadas, com filas em segurança e checagem de identidade.

Ao entrar na estação, há uma verificação inicial rápida. Procure o canal manual — normalmente fica numa extremidade, à esquerda ou direita —, pois os portões automáticos são para documentos chineses. Apresente seu passaporte ao funcionário, que escaneará seus dados para confirmar o bilhete eletrônico. Geralmente, é rápido. Depois, passa-se pela segurança, semelhante a um aeroporto: raio-x para bagagens (bolsas, mochilas, etc.), detector de metais e varredura com detector portátil. A segurança chinesa é rígida. Garrafas de água e comida própria geralmente são permitidas.

Após a segurança, chega-se a um amplo saguão de embarque, com várias áreas de espera. Procure nas telas de LED informações do trem: número (letra + números, ex.: G655 ou D3201), destino, horário, e especialmente o número da sala de espera ou portão. Embora em chinês, as principais estações têm traduções ou símbolos em inglês. Vá para a sala indicada, onde há muitas fileiras de assentos e lojas. Pode pedir ajuda apontando para seu bilhete e para a tela, dizendo "Wǒ qù nǎr?" (我去哪儿 / "Para onde eu vou?").

O embarque começa cerca de 15 a 20 minutos antes da partida e termina rápido, uns 3 a 5 minutos antes. No portão, mostre o passaporte novamente; será escaneado para liberar o acesso. Vá para a plataforma e localize o vagão e assento conforme a reserva. Há bagageiros acima e espaços maiores no início/final do vagão para malas grandes. Ideal que a bagagem fique no mesmo vagão para facilitar na saída, que costuma ser rápida.

Comparados a trens da Europa, Japão, Coreia, Índia ou Sudeste Asiático, os chineses são mais espaçosos, modernos e limpos. O espaço para as pernas acomoda pessoas de até 1,90 m confortavelmente. O corredor tem mais de meio metro, facilitando a circulação e o transporte de bagagens. A maioria dos assentos tem tomadas, mesas e compartimentos para objetos. Cada vagão tem banheiros limpos, dispensadores de água quente e fria grátis, e telas exibindo informações como estações, velocidade e temperatura, em chinês e inglês.

Os trens possuem vagão-restaurante ou carrinho com lanches, bebidas e às vezes refeições quentes. Muitos levam comida e bebida próprias, pois as opções podem ser limitadas ou caras. Água quente está disponível para macarrão instantâneo ou chá. Se for cochilar, programe alarme para não perder a parada. Em trens noturnos, leve chinelos, itens de higiene (papel, escova), protetores auriculares e máscara para os olhos. Um livro ajuda a passar o tempo, caso enjoe de observar a paisagem.

O trem para pouco em cada estação, então se o destino não for o último, prepare as malas antes. Ao desembarcar, siga a multidão ou placas até a saída (出站口), onde o passaporte será conferido novamente.

Viajar de trem pela China pode parecer intimidante, pois o inglês é pouco falado na rede ferroviária, mas é mais simples do que parece. Os trens chineses são rápidos, pontuais, previsíveis e relativamente baratos. O trem noturno ajuda a economizar hospedagem e oferece uma experiência única. O trem-bala é fechado, pressurizado e com ar-condicionado. Internet é possível, mais fácil que no avião. Pode-se conhecer chineses comuns, em ritmo tranquilo, apreciando diferentes paisagens e a maior rede ferroviária de alta velocidade do mundo.

5. REFERÊNCIAS

AGLIETTA, M.; BAI, G. China's development: capitalism and empire. London, Routledge, 2013.

BIAO, W; CHIA-LIN, C; Alta Velocidade e Transformação Urbana na China: O Caso da Estação Ferroviária Leste de Hangzhou. Built Environment, vol. 39, n.º 3, p. 385–398, 2013.

CHANG, B. Negociação localizada: a economia política do programa ferroviário de alta velocidade da China. Oxford, Oxford University Press, 2023.

CHIANG'AN, L. A quilometragem do trem de alta velocidade da China. Global Times, 24/22/2024.

CUI, S; PITTMAN, R; ZHAO, J. Restructuring the Chinese Freight Railway: Two Scenarios, Asia and the Global Economy, Volume 1, Issue 1, 2021.

CULLEN, R. A proeza da China na construção de ferrovias pode trazer benefícios ao mundo. China Daily, 01/04/2025.

KOLL, E. Ferrovias e a Transformação da China. Cambridge, Harvard University Press, 2019.

LIU, Y.; LI, Y. Construção de ferrovias de alta velocidade e crescimento econômico urbano na China. Fin. Res. 11, 18–33, 2017.

LI, F.; SU, Y.; XIE, J.; ZHU, W.; WANG, Y. O Impacto da Abertura de Ferrovias de Alta Velocidade na Economia das Cidades ao Longo do Cinturão Econômico da Rota da Seda. Sustentabilidade, 12, 3176, 2020.

LIN, X.; LI, M. A Influência do Trem de Alta Velocidade na Inovação Tecnológica em Cidades ao Longo da Linha — Um Estudo Empírico na Região de Guangdong-Guangxi. East China Econ. Manag, 34, 94–102, 2020.

MA, G.; CHENG, X.; YANG, E. Como a infraestrutura de transporte promove o fluxo de capital? — Pesquisa baseada na inauguração de ferrovias de alta velocidade e no investimento de empresas listadas. China Ind. Econ, 17, 2020.

MARCELINO, F. A Revolução das cidades inteligentes na China: perspectivas para o desenvolvimento urbano no século XXI. Editora Appris, Curitiba, 2024.

__________. A Revolução da agricultura inteligente na China: perspectivas para o desenvolvimento rural no século XXI. Editora Kotter, Curitiba, 2025.

__________. Reflexões sobre o socialismo chinês. Editora Kotter, Curitiba, 2025.

__________. Deng Xiaoping: as ideias que transformaram a China na superpotência do século XXI. Editora Kotter, Curitiba, 2025.

NAUGHTON, B. The Chinese economy: Transitions and growth. MIT press, Massachussets, 2007.

OTORBAEV, D. Ponte ferroviária conecta nações ao longo da Rota da Seda. China Daily, 12/02/2025.

PAN, H; GAO, Y. Desenvolvimento de Ferrovias de Alta Velocidade na República Popular da China. Documento de Trabalho 959 do ADBI. Tóquio: Instituto do Banco Asiático de Desenvolvimento, 2019.

QIU, X. China 40 years infrastructure construction. Springer Singapore, Singapura, 2020.

SU, M.; LI, Z.; SU, Y.; CHANG, M.; LIU, Y. A Abertura da Ferrovia de Alta Velocidade e o Crescimento Econômico: O Papel Moderador da Eficiência Governamental e do Ambiente de Inovação. Sustentabilidade, 16, 543, 2024.

SUN, W.; ZHANG, J. As redes ferroviárias de alta velocidade podem promover inovação de alta qualidade na indústria? World Econ. 43, 151–175, 2020.

XIONG, W. China Speed: Desenvolvimento da Ferrovia de Alta Velocidade da China. Pequim, Editora de Línguas Estrangeiras, 2016.

YANG, L. Estabelecendo os trilhos para o rápido desenvolvimento das ferrovias. China Daily, 08/07/2025.

ZHEN, J. (Ed.). Um estudo do 13° Plano Quinquenal para o desenvolvimento e planejamento de ferrovias. Pequim: China Railway Publishing House, 2019.

ZHEN, C. Estação ferroviária e transição urbana na China. Planum, The Journal of Urbanism, n. 27, vol. 2, 2020.

ZIGOR, A. A fábrica onde os mísseis chineses são construídos... sobre trilhos, El Pais, Retina, 02/03/2020.

SOBRE O AUTOR

Nasceu em Curitiba. É pós-doutor em Política Públicas e Planejamento Urbano, doutor em Sociologia e mestre em Ciência Política, além de graduado em Relações Internacionais. Militante do Movimento Popular por Moradia (MPM). Integrante do Mimesis Conexões Artísticas.

É autor de oito livros sobre a China, entre os quais Introdução ao Planejamento na China: planos quinquenais e desenvolvimento urbano, Quem tem medo do projetamento?, Reflexões sobre o Socialismo Chinês, Deng Xiaoping: as ideias que transformaram a China na superpotência do século XXI, A China se prepara para o declínio dos Estados Unidos: Trump, guerra comercial e a Nova Desordem Mundial além da trilogia A Revolução das Cidades Inteligentes na China, A Revolução da Agricultura Inteligente na China e A Revolução das Ferrovias de Alta Velocidade na China.

É autor de outros livros também, como Classes Dominantes no Paraná Contemporâneo: Família, Poder e Riqueza, COVID-19 e a nova geopolítica global, Marx no século XXI: valor, crise e capitalismo financeiro, Guerra Civil Brasileira: 1891-1894, Em Defesa do Projetamento: Ignácio Rangel e os desafios brasileiros, Geopolítica Hídrica Global: energia e hidro-hegemonia em disputa, Do Terceiro Mundo à emergência do Sul Global, Estratégias de Desenvolvimento no Sul Global: capitalismo monopolista, capitalismo de Estado ou socialismo de mercado?, Mudar o mundo tomando o poder (org.), Leviatã Socialista: Marx com Hobbes e Lênin: da NEP ao Socialismo de Mercado.

Outra vertente de suas obras é na literatura, com os livros Desencontros e seus golpes (poesia), Profeta Joel no fim dos tempos (teatro popular), Revolta Paraná (conto), 93 Haikais (poesia), Última hora (poesia) e Civilização da Mandioca e outros poemas luso-tropicais (poesia).

pólen bold 90 gr/m2
tipologia calisto mt
impresso na primavera de 2025